12食材 一日三餐沒煩惱

超常備

武藏裕子

瑞昇文化

前言

平時您最常採買或料理的食材是什麼呢？
喜歡食材的味道、已經吃習慣了、慣用的烹調方式、
經濟實惠又容易取得、能夠安心食用…。
基於這些理由，我從我日常的飲食中，
精心挑選了對多數人來說最容易取得的
「超常備12種食材」。

近來大家習慣一次性採買數天或1星期分量的食材，但我卻也經常聽到有人說「因為還沒決定好菜單，實在不知道該買什麼食材才好」。這時候建議先採買「超常備食材」中的某幾樣。接下來的內容中將為大家介紹使用單一種食材，或者2、3種食材，透過各種不同組合做出250道美味佳餚！大多數的食譜都十分簡單，只需要5～15分鐘就能完成。烹調過程中所使用的調味料也都是家裡常備的柴米油鹽醬醋茶，所以這裡特別下足功夫，為大家精心搭配，獻上各種百吃不厭的美味家常料理。只要家裡備有幾種常備食材，接近用餐時間前便能快速烹調並立即上桌！減少外食和加工食品的採買，還能因此省下一筆伙食費。誠心希望這本書能成為您每天料理三餐的好幫手！

料理研究家　武藏裕子

contents

Part 1
用12種食材烹煮主菜
單一品項的肉或蛋,再搭配1～2種食材!

薄切豬肉

●搭配　番茄
辣炒豬肉番茄・・・・・・・・・・・・・・・12
茄汁豬龍田・・・・・・・・・・・・・・・・13
酸辣番茄燉豬肉・・・・・・・・・・・・・14
燴牛肚風豬肉片・・・・・・・・・・・・・15
起司醬炒番茄豬肉・・・・・・・・・・・15

●搭配　青花菜
滑蛋嫩煎豬肉青花菜・・・・・・・・・16
白高湯蒸煮青花菜豬肉捲・・・・・17
蠔油醬炒豬肉青花菜・・・・・・・・・18
芝麻奶油醬燉煮豬肉青花菜・・・19
芥末醬佐豬肉青花菜・・・・・・・・・19

●搭配　高麗菜
鹽漬高麗菜烤肉・・・・・・・・・・・・・20
豬肉捲回鍋肉・・・・・・・・・・・・・・・21
蜂蜜味噌醬煮豬肉高麗菜・・・・・22
白高湯燉煮豬肉高麗菜・・・・・・・23
大量高麗菜御好燒・・・・・・・・・・・23

●搭配　紅蘿蔔
沖繩風炒紅蘿蔔・・・・・・・・・・・・・24
紅蘿蔔天婦羅・・・・・・・・・・・・・・・25
番茄醬炒豬肉紅蘿蔔・・・・・・・・・25
昆布麵汁燉煮豬肉紅蘿蔔・・・・・26
蜂蜜檸檬醃豬肉・・・・・・・・・・・・・26

●搭配　洋蔥
蠔油炒豬肉洋蔥・・・・・・・・・・・・・27
蒜泥糖醋白肉・・・・・・・・・・・・・・・28

燉煮清爽咖哩豬・・・・・・・・・・・・・28
醬油煸炒豬肉洋蔥・・・・・・・・・・・29
豬肉洋蔥佐柚子醋醬油・・・・・・・29

●搭配　馬鈴薯
簡單起司辣炒雞・・・・・・・・・・・・・30
柚子胡椒煸炒豬肉馬鈴薯・・・・・31
茄汁豬肉馬鈴薯・・・・・・・・・・・・・31
白醬焗烤豬肉馬鈴薯・・・・・・・・・32
美乃滋蒜炒豬肉馬鈴薯・・・・・・・32

●搭配　豆芽菜
豬龍田揚佐蠔油醬・・・・・・・・・・・33
咖哩南蠻豬肉豆芽菜・・・・・・・・・34
韓式豬肉豆芽菜・・・・・・・・・・・・・34
納豆炒豬肉豆芽菜・・・・・・・・・・・35
鹽醋煸炒豬五花豆芽菜・・・・・・・35

●搭配　蕈菇
奶油檸檬蒜香豬肉金針菇・・・・・36
和風起司蒸煮豬肉蕈菇・・・・・・・37
甜辣醋炒豬肉舞・・・・・・・・・・・・・37
口感溫和俄式炒豬肉・・・・・・・・・38
中式醃豬肉蕈菇・・・・・・・・・・・・・38

雞肉

●搭配　番茄
微波奶油咖哩雞・・・・・・・・・・・・・39
茄汁味噌炒雞肉・・・・・・・・・・・・・40
韓式泡菜燉雞・・・・・・・・・・・・・・・41
鹽昆布醃漬番茄雞・・・・・・・・・・・42
香辣茄汁雞・・・・・・・・・・・・・・・・・42

●搭配　青花菜
雞排佐青花菜醬・・・・・・・・・・・・・43
起司蒸煮雞肉青花菜・・・・・・・・・44
青花菜佐雞肉天婦羅・・・・・・・・・45
蒜香美乃滋雞肉青花菜沙拉・・・46
香煎雞翅青花菜・・・・・・・・・・・・・46

contents

　　雞肉高麗菜佐奶油醬油・・・・・・・・・・・・・・・・・47

●搭配　高麗菜
　　雞肉高麗菜佐奶油醬油・・・・・・・・・・・・・・・・・47
　　味噌炒雞肉高麗菜・・・・・・・・・・・・・・・・・・・・48
　　迷你高麗菜捲・・・・・・・・・・・・・・・・・・・・・・・・49
　　簡易德式酸菜雞肉・・・・・・・・・・・・・・・・・・・・50
　　芝麻醬煮雞肉高麗菜・・・・・・・・・・・・・・・・・・50

●搭配　紅蘿蔔
　　芝麻照燒雞腿・・・・・・・・・・・・・・・・・・・・・・・・51
　　簡單乾炒雞肉・・・・・・・・・・・・・・・・・・・・・・・・52
　　檸檬風味雞肉沙拉・・・・・・・・・・・・・・・・・・・・52
　　義式起司雞肉紅蘿蔔・・・・・・・・・・・・・・・・・・53
　　韓式涼拌雞肉紅蘿蔔・・・・・・・・・・・・・・・・・・53

●搭配　洋蔥
　　香辣洋蔥醬炸雞翅・・・・・・・・・・・・・・・・・・・・54
　　喬治亞風燉雞・・・・・・・・・・・・・・・・・・・・・・・・55
　　泥窯烤爐風燉雞・・・・・・・・・・・・・・・・・・・・・・55
　　辣炒雞肉洋蔥・・・・・・・・・・・・・・・・・・・・・・・・56
　　泰式溫拌冬粉・・・・・・・・・・・・・・・・・・・・・・・・56

●搭配　馬鈴薯
　　雞肉馬鈴薯的BBQ燒烤・・・・・・・・・・・・・・・57
　　雞肉馬鈴薯佐檸檬醬油・・・・・・・・・・・・・・・58
　　韓式泡菜雞翅・・・・・・・・・・・・・・・・・・・・・・・・58
　　辣醬雞・・・・・・・・・・・・・・・・・・・・・・・・・・・・・・59
　　酥脆麵包粉雞肉沙拉・・・・・・・・・・・・・・・・・・59

●搭配　豆芽菜
　　中式奶油燉雞肉豆芽菜・・・・・・・・・・・・・・・60
　　豆芽菜雞肉捲・・・・・・・・・・・・・・・・・・・・・・・・61
　　紫蘇拌炒雞肉豆芽菜・・・・・・・・・・・・・・・・・61
　　蛋包雞肉豆芽菜・・・・・・・・・・・・・・・・・・・・・・62
　　越式燉煮雞肉豆芽菜・・・・・・・・・・・・・・・・・62

●搭配　蕈菇
　　蠔油炒雞翅蕈菇・・・・・・・・・・・・・・・・・・・・・・63
　　西班牙橄欖油蒜味雞・・・・・・・・・・・・・・・・・64
　　雞肉捲佐舞菇醬・・・・・・・・・・・・・・・・・・・・・・64
　　檸檬奶油醬煮雞肉蕈菇・・・・・・・・・・・・・・・65
　　鹽煮雞肉蕈菇・・・・・・・・・・・・・・・・・・・・・・・・65

絞肉

●搭配　番茄
　　漢堡排佐番茄美乃滋・・・・・・・・・・・・・・・・・66
　　燴飯風燉番茄・・・・・・・・・・・・・・・・・・・・・・・・67
　　麻婆番茄・・・・・・・・・・・・・・・・・・・・・・・・・・・・68
　　辣肉醬風炒絞肉・・・・・・・・・・・・・・・・・・・・・・69
　　檸檬漬豬肉番茄・・・・・・・・・・・・・・・・・・・・・・69

●搭配　青花菜
　　韓式洋釀青花菜絞肉・・・・・・・・・・・・・・・・・70
　　濃稠味噌肉醬拌炒青花菜・・・・・・・・・・・・・71
　　咖哩風味豬絞肉青花菜・・・・・・・・・・・・・・・72
　　鹽炒雞絞肉・・・・・・・・・・・・・・・・・・・・・・・・・・73
　　芥末醬炒豬絞肉・・・・・・・・・・・・・・・・・・・・・・73

●搭配　高麗菜
　　檸檬奶油醬炒高麗菜絞肉・・・・・・・・・・・・・74
　　泡菜燉煮豬肉丸子高麗菜・・・・・・・・・・・・・75
　　擔擔麵風豆腐高麗菜・・・・・・・・・・・・・・・・・76
　　蛋炒絞肉高麗菜・・・・・・・・・・・・・・・・・・・・・・77
　　浸煮絞肉高麗菜・・・・・・・・・・・・・・・・・・・・・・77

●搭配　紅蘿蔔
　　紅蘿蔔漢堡排・・・・・・・・・・・・・・・・・・・・・・・・78
　　韓式醬炒絞肉紅蘿蔔・・・・・・・・・・・・・・・・・79
　　紅蘿蔔燒賣・・・・・・・・・・・・・・・・・・・・・・・・・・79
　　多蜜醬汁風炒絞肉紅蘿蔔・・・・・・・・・・・・・80
　　咖哩奶油醬煮絞肉紅蘿蔔・・・・・・・・・・・・・80

●搭配　洋蔥
　　照燒洋蔥夾肉排・・・・・・・・・・・・・・・・・・・・・・81
　　辣炒豬肉洋蔥・・・・・・・・・・・・・・・・・・・・・・・・82
　　洋蔥起司雞肉丸・・・・・・・・・・・・・・・・・・・・・・82
　　和風煮雞絞肉洋蔥・・・・・・・・・・・・・・・・・・・83
　　洋蔥糖醋豬肉・・・・・・・・・・・・・・・・・・・・・・・・83
　　起司口味法式馬鈴薯鹹可麗餅・・・・・・・・・84
　　馬鈴薯煎餅・・・・・・・・・・・・・・・・・・・・・・・・・・85
　　蠔油醬煮馬鈴薯絞肉・・・・・・・・・・・・・・・・・85
　　奶油起司醬煮馬鈴薯・・・・・・・・・・・・・・・・・86
　　醬煮咖哩馬鈴薯絞肉・・・・・・・・・・・・・・・・・86

● 搭配　豆芽菜
辣炒味噌雞絞肉豆芽菜・・・・・・・・・・・・・・・・・・・・・・87
豬絞肉豆芽菜蛋佐美乃滋蠔油醬・・・・・・・・・・・88
醬漬絞肉豆芽菜・・・・・・・・・・・・・・・・・・・・・・・・・・・・・・88
中式微波豬肉豆芽菜羹・・・・・・・・・・・・・・・・・・・・・89
大蒜醋炒豬絞肉豆芽菜・・・・・・・・・・・・・・・・・・・・・89

● 搭配　蕈菇
梅子風味絞肉蕈菇・・・・・・・・・・・・・・・・・・・・・・・・・・90
辛辣柚子醋炒金針菇肉丸・・・・・・・・・・・・・・・・・・91
南蠻漬舞菇雞絞肉・・・・・・・・・・・・・・・・・・・・・・・・・91
韓式蕈菇雜菜・・・・・・・・・・・・・・・・・・・・・・・・・・・・・・・92
糖醋絞肉蕈菇・・・・・・・・・・・・・・・・・・・・・・・・・・・・・・・92

雞蛋

● 搭配　番茄
鮪魚番茄炒蛋・・・・・・・・・・・・・・・・・・・・・・・・・・・・・・・93
半月蛋佐番茄醬汁・・・・・・・・・・・・・・・・・・・・・・・・・94
滑蛋泡菜番茄・・・・・・・・・・・・・・・・・・・・・・・・・・・・・・・95

● 搭配　青花菜
青花菜水波蛋燉菜・・・・・・・・・・・・・・・・・・・・・・・・・96
圓形歐姆蛋佐奧羅拉醬・・・・・・・・・・・・・・・・・・・・97
蠔油醬炒雞蛋青花菜・・・・・・・・・・・・・・・・・・・・・・97

● 搭配　高麗菜
高麗菜鮪魚鹹派・・・・・・・・・・・・・・・・・・・・・・・・・・・・98
回鍋肉炒蛋・・・・・・・・・・・・・・・・・・・・・・・・・・・・・・・・・99
奶油炒高麗菜佐煎蛋・・・・・・・・・・・・・・・・・・・・・・99

● 搭配　紅蘿蔔
辛辣紅蘿蔔配蘿蔔乾絲炒蛋・・・・・・・・・・・・・100
西式紅蘿蔔烘蛋・・・・・・・・・・・・・・・・・・・・・・・・・・100
多蜜醬汁風味的紅蘿蔔水煮蛋・・・・・・・・・・101

● 搭配　洋蔥
焗烤蛋洋蔥・・・・・・・・・・・・・・・・・・・・・・・・・・・・・・・102
滑蛋洋蔥・・・・・・・・・・・・・・・・・・・・・・・・・・・・・・・・・103
古早味歐姆蛋・・・・・・・・・・・・・・・・・・・・・・・・・・・・103

● 搭配　馬鈴薯
梅子口味墨西哥薄餅・・・・・・・・・・・・・・・・・・・・104

蒜香馬鈴薯蛋沙拉・・・・・・・・・・・・・・・・・・・・・・105
番茄馬鈴薯佐水波蛋・・・・・・・・・・・・・・・・・・・・105

● 搭配　豆芽菜
蛋炒豆芽菜納豆・・・・・・・・・・・・・・・・・・・・・・・・・・106
豆芽菜鮪魚起司蛋・・・・・・・・・・・・・・・・・・・・・・・106
中式滑蛋豆芽菜・・・・・・・・・・・・・・・・・・・・・・・・・・106

● 搭配　蕈菇
平底鍋版茶碗蒸・・・・・・・・・・・・・・・・・・・・・・・・・・107
昆布麵汁醃漬水煮蛋蕈菇・・・・・・・・・・・・・・・108
蕈菇厚蛋燒・・・・・・・・・・・・・・・・・・・・・・・・・・・・・・・108

Part 2
用12種食材烹煮副菜

單用1種食材就能完成！
或者搭配數種食材組合成副菜！

● 番茄
高湯燉番茄・・・・・・・・・・・・・・・・・・・・・・・・・・・・・・・110
番茄拌起司芥末・・・・・・・・・・・・・・・・・・・・・・・・・・110
番茄佐蜂蜜檸檬美乃滋・・・・・・・・・・・・・・・・・・111
辣炒番茄・・・・・・・・・・・・・・・・・・・・・・・・・・・・・・・・・111
番茄佐韓式辣椒醬・・・・・・・・・・・・・・・・・・・・・・111

● 青花菜
青花菜炒滑蛋・・・・・・・・・・・・・・・・・・・・・・・・・・・・112
簡單涼拌青花菜・・・・・・・・・・・・・・・・・・・・・・・・・・112
胡椒起司青花菜・・・・・・・・・・・・・・・・・・・・・・・・・・113
醬油拌海苔青花菜・・・・・・・・・・・・・・・・・・・・・・113
日式燉煮青花菜・・・・・・・・・・・・・・・・・・・・・・・・・・113

● 高麗菜
蒜香奶油炒高麗菜・・・・・・・・・・・・・・・・・・・・・・114
甜味噌芝麻拌高麗菜・・・・・・・・・・・・・・・・・・・・114
鹽漬高麗菜・・・・・・・・・・・・・・・・・・・・・・・・・・・・・・・115
薑汁高麗菜・・・・・・・・・・・・・・・・・・・・・・・・・・・・・・・115
辣炒高麗菜・・・・・・・・・・・・・・・・・・・・・・・・・・・・・・・115

contents

●紅蘿蔔
醃漬紅蘿蔔・・・・・・・・・・・・・・・・・・116
韓式風味蘿蔔煎餅・・・・・・・・・・・・116
微波糖裹紅蘿蔔・・・・・・・・・・・・・117
芥末紅蘿蔔・・・・・・・・・・・・・・・・・117
咖哩美乃滋炒紅蘿蔔・・・・・・・・117

●洋蔥
芝麻檸檬拌洋蔥・・・・・・・・・・・・・118
微波白高湯洋蔥・・・・・・・・・・・・・118
洋蔥佐蒜香辣椒橄欖油・・・・・・119
柴魚醋漬洋蔥・・・・・・・・・・・・・・・119
甘醇醬油煮洋蔥・・・・・・・・・・・・・119

●馬鈴薯
法式馬鈴薯鹹可麗餅・・・・・・・・・120
日式炸薯條・・・・・・・・・・・・・・・・・120
微波馬鈴薯佐山葵醬油・・・・・・121
微波馬鈴薯泥・・・・・・・・・・・・・・・121
蒜香馬鈴薯・・・・・・・・・・・・・・・・・121

●豆芽菜
中式涼拌豆芽菜・・・・・・・・・・・・・122
涼拌海苔豆芽菜・・・・・・・・・・・・・122
咖哩醬炒豆芽菜・・・・・・・・・・・・・123
辣炒豆芽菜・・・・・・・・・・・・・・・・・123
蒜香美乃滋拌豆芽菜・・・・・・・・・123

●搭配　蕈菇
芝麻拌金針菇・・・・・・・・・・・・・・・124
醃蕈菇・・・・・・・・・・・・・・・・・・・・・124
柚子醬油煮舞菇・・・・・・・・・・・・・125
醬煮綜合蕈菇・・・・・・・・・・・・・・・125
蕈菇佐鮪魚檸檬美乃滋醬・・・・・125

●肉類
薑燒豬肉・・・・・・・・・・・・・・・・・・126
柚子醋醬油拌雞皮洋蔥・・・・・・126
梅子拌蒸雞肉絲・・・・・・・・・・・・126

Part 3
用12種食材烹煮湯品
單用1種食材就能完成！
或者搭配數種食材組合成湯品！

●豬肉
豬肉青花菜咖哩牛奶濃湯・・・・・128
番茄豬肉湯・・・・・・・・・・・・・・・・128
微辣豬肉海帶芽湯・・・・・・・・・・・129
豬肉高麗菜鹽昆布湯・・・・・・・・・129

●雞肉
蕈菇雞肉濃湯・・・・・・・・・・・・・・・130
起司雞肉濃湯・・・・・・・・・・・・・・・130
咖哩雞翅湯・・・・・・・・・・・・・・・・・130

●絞肉
紅蘿蔔肉絲湯・・・・・・・・・・・・・・・131
簡單中式肉丸子湯・・・・・・・・・・・131
鮮甜番茄絞肉濃湯・・・・・・・・・・・131

●雞蛋
海苔風味蛋花湯・・・・・・・・・・・・・132
水波蛋味噌湯・・・・・・・・・・・・・・・132
中式蛋花湯・・・・・・・・・・・・・・・・・132

●番茄
大豆蔬菜濃湯・・・・・・・・・・・・・・・133
番茄味噌湯・・・・・・・・・・・・・・・・・133
蒜香番茄湯・・・・・・・・・・・・・・・・・133

●青花菜
芝麻香海苔青花菜湯・・・・・・・・・134
簡單青花菜濃湯・・・・・・・・・・・・・134
豆漿芝麻青花菜湯・・・・・・・・・・・134

●高麗菜
中式生薑風味高麗菜湯・・・・・・・135
梅子風味高麗菜味噌湯・・・・・・・135
鹽味奶油高麗菜湯・・・・・・・・・・・135

●紅蘿蔔
　檸檬紅蘿蔔湯・・・・・・・・・・・・・・・・・・・・・136
　辛辣紅蘿蔔味噌湯・・・・・・・・・・・・・・・・136
　奶油紅蘿蔔濃湯・・・・・・・・・・・・・・・・・・136

●洋蔥
　芝麻油蒸洋蔥湯・・・・・・・・・・・・・・・・・・137
　簡單焗烤洋蔥・・・・・・・・・・・・・・・・・・・・137
　蒜香洋蔥湯・・・・・・・・・・・・・・・・・・・・・・137

●搭配　馬鈴薯
　咖哩馬鈴薯濃湯・・・・・・・・・・・・・・・・・・138
　奶香碎馬鈴薯濃湯・・・・・・・・・・・・・・・・138
　奶香馬鈴薯味噌湯・・・・・・・・・・・・・・・・138

●豆芽菜
　柚子胡椒豆芽菜湯・・・・・・・・・・・・・・・・139
　豆芽菜泡菜納豆湯・・・・・・・・・・・・・・・・139
　柚子醋醬豆芽菜豆腐湯・・・・・・・・・・・139

●蕈菇
　中式辛辣蕈菇湯・・・・・・・・・・・・・・・・・・140
　蕈菇雜燴湯・・・・・・・・・・・・・・・・・・・・・・140
　3種蕈菇煨湯・・・・・・・・・・・・・・・・・・・・140

　豬肉蕈菇海苔雜炊・・・・・・・・・・・・・・・143
●雞肉
　什錦飯風味炒飯・・・・・・・・・・・・・・・・・・144
　微波湯咖哩飯・・・・・・・・・・・・・・・・・・・・144
　簡單泰式海南雞飯・・・・・・・・・・・・・・・145
　雞肉杏鮑菇燉飯・・・・・・・・・・・・・・・・・145

●絞肉
　簡單塔可飯・・・・・・・・・・・・・・・・・・・・・・146
　3色肉末丼飯・・・・・・・・・・・・・・・・・・・・146

●雞蛋
　蛋包飯・・・・・・・・・・・・・・・・・・・・・・・・・・147
　金針菇蛋炒飯・・・・・・・・・・・・・・・・・・・・147

麵類

●豬肉
　簡單湯麵・・・・・・・・・・・・・・・・・・・・・・・・148
　簡單咖哩烏龍麵・・・・・・・・・・・・・・・・・・148
　御好燒風味炒麵・・・・・・・・・・・・・・・・・・149
　番茄泡菜炒麵・・・・・・・・・・・・・・・・・・・・149

●雞肉
　一鍋到底鹽味檸檬雞肉義大利麵・・・・・・・・・150
　茄汁雞肉素麵・・・・・・・・・・・・・・・・・・・・150
　雞汁蕎麥麵・・・・・・・・・・・・・・・・・・・・・・151
　鹽味炒烏龍・・・・・・・・・・・・・・・・・・・・・・151

●絞肉
　絞肉納豆拌烏龍麵・・・・・・・・・・・・・・・152
　一鍋到底肉醬義大利麵・・・・・・・・・・・152
　日式一鍋到底雞肉蕈菇義大利麵・・・153
　一鍋到底豆腐梅乾義大利麵・・・・・・・153

●雞蛋
　蛋黃蒜香義大利麵・・・・・・・・・・・・・・・154
　釜玉烏龍麵・・・・・・・・・・・・・・・・・・・・・・154

Part 4
用12種食材烹煮飯類・麵類

以肉類和雞蛋爲主角，
搭配蔬菜組合成飯・麵！

飯類

●豬肉
　大蒜元氣丼飯・・・・・・・・・・・・・・・・・・・・142
　微波中華丼飯・・・・・・・・・・・・・・・・・・・・142
　豬肉蕈菇奶油蒜蓉飯・・・・・・・・・・・・・143

解說優點與烹調重點

開始使用
超常備 **12食材** 烹調美味家常菜！

開始料理之前，先為大家介紹食材、調味料，以及12種食材的cooking優點！

12種食材…「指的是常見又容易取得的常備食材」

本書所使用的食材只有右側列出的12種。每一種皆為一年四季在超市都能輕易取得的食材，有些甚至在住家附近的超商也買得到。這些食材的價格相對便宜，對家庭生計來說也較為友善。

經常分批採買、一次買齊數天分量、特價時稍微多買一些……每個家庭的採買方式各不相同。至於該買哪些食材，要買多少分量，請依照每個家庭的生活型態調整。本書收錄250道家庭料理的食譜，單純使用1種食材，或者搭配2、3種食材一起料理，充分活用所有食材，做出既美味又不浪費食材的家常菜。

薄切豬肉（混合不同部位切片豬肉、豬五花薄切肉片）	雞肉（雞胸肉・雞腿肉・雞翅中段）	絞肉（豬絞肉・牛豬混合絞肉・雞絞肉）	蕈菇（鴻禧菇・杏鮑菇・金針菇・舞菇）
番茄	青花菜	高麗菜	紅蘿蔔
洋蔥	馬鈴薯	豆芽菜	雞蛋

只使用基本調味料

本書使用的調味用品、油、粉都是一般家庭常備的基本調味料，並未使用特殊調味料，所以只要備有這些食材，隨時都能做出美味料理。透過巧妙的調味，帶出素材本身的味道，就算每道料理重複上桌，依舊讓人回味無窮。除此之外，烹調方式本身也很簡單，大部分料理都能在5～15分鐘內完成。

〈調味料〉鹽 ・砂糖 ・胡椒 ・粗研磨黑胡椒 ・醬油 ・味噌 ・醋 ・柚子醋醬油 ・昆布麵汁 ・白高湯 ・中濃醬汁 ・伍斯特醬 ・番茄醬 ・美乃滋 ・蠔油 ・烤肉醬 ・顆粒雞湯粉 ・顆粒高湯粉 ・豆瓣醬 ・韓式辣椒醬 ・辣油 ・純辣椒粉 ・七味粉 ・紫蘇粉 ・檸檬汁 ・起司粉 ・柚子胡椒 ・薑泥＆蒜泥（管裝）・咖哩粉 ・魚露等
〈油類・粉類等〉沙拉油 ・芝麻油 ・橄欖油 ・奶油 ・低筋麵粉 ・太白粉 ・麵包粉

方便的常備食材

家裡常備乾貨或罐頭等保存期限較長的食材，不僅能增添料理美味，也有助於增加營養素。另外，冷藏室備有一些像是乳製品、大豆食品、醃漬物等食材也非常方便。下方列出一些本書食譜也會使用的推薦常備食材。

・乾貨（芝麻、冬粉、乾燥海帶芽、蘿蔔乾絲、鹽昆布）
・乳製品（牛奶、披薩用起司、原味優格（無糖））
・罐頭（番茄罐頭、鮪魚罐頭）
・其他（納豆、韓式泡菜、梅乾、木綿＆絹豆腐、豆漿（無調整）、水煮黃豆、綜合豆類等）

超常備12種食材的cooking優點！

「使用的食材就只有平常最容易取得的12種常備食材」。最大的優點就是能夠拯救那些平日為烹調和飲食傷透腦筋的人！

接下來將為大家介紹這本書能為您帶來哪些優點。讓每天的備餐變輕鬆的12種食材cooking，請大家務必嘗試看看。

1 採買無煩惱

還沒決定晚餐的菜色，想在網路上訂購數天分量的食材，但不曉得該買些什麼才好。遇到這種情況時，請先從12種食材中挑選「想吃的！」或「便宜的！」數種食材。接下來的烹調工作就交給這本書幫您搞定。

2 食材物盡其用

本書收錄許多像是只需要1顆洋蔥就能製作副菜、只需要1/2根紅蘿蔔就能製作湯品等以少許食材創造美味的食譜。不知道該如何處理剩餘食材時，請務必參考這本書！保證能夠絲毫不浪費地將美味全部吃下肚。

3 節省時間！

從12種食材中挑選，大幅減少採買時浪費在猶豫不決上的時間。本書收錄主菜、副菜、湯品、飯、麵類等各種食譜，幫助您快速決定晚餐菜色。除此之外，幾乎所有料理都能在5～15分鐘內搞定，既簡單又省時！

4 節省開支

這12種食材的價格相對實惠，一整年不會有太大的價差。再加上善用本書食譜，不僅能將食材物盡其用，還不會造成浪費。沒有多餘的時間料理、覺得很麻煩……這些超級簡單的食譜能夠幫您解決一切問題，另外還幫您省下昂貴的外食費用。

5 菜色豐富吃不膩

本書收錄的食譜包羅萬象，利用12種食材中的2、3種，或者只使用單一種食材，都能做出美味可口的家庭料理！包含日式、西式、中式、韓式各種料理。即便每天使用相同食材，也能打造吃不膩的豐富美味。

6 兼顧肉類和蔬菜，營養又健康

本書介紹的主菜是以豬肉、雞肉、絞肉、雞蛋的蛋白質搭配1～2種蔬菜製作而成。單一盤菜餚便能充分攝取蛋白質與維生素。再加上蔬菜的副菜和湯品，營養均衡又健康！

超常備12種食材cooking的美味訣竅

「烹煮樣式單調，每次都只是煎炒而已」。為了這些人，本書將為大家介紹更多『打造美味的訣竅』！舉例來說，同樣是炒物，只要多花點心思改變調味料的種類，就能打造出前所未有的美味。另一方面，不同的切菜方式也有助於改變菜餚的口感與味道。請大家務必按照食譜，嘗試烹調各種美味佳餚！

❶ 不同切法，不同風味！

舉例來說，趁特價多買一些洋蔥時，難免會擔心「每天吃洋蔥好像會很膩」、「吃得完嗎？」但只是單純改變洋蔥的切法，就能享受食材本身特有的滋味，像是1顆洋蔥切成4大塊燉煮，煮出一道豐盛的副菜，或者洋蔥切成細絲狀，搭配肉類一起煸炒，增加菜餚的甜味。

❷ 不同調味料的組合 增加料理的無限美味

透過家裡常備調味料、其他調味料和油品等各式各樣的組合，打造全新好滋味。舉例來說，美乃滋＋柚子胡椒、奶油＋檸檬汁、柚子醋醬油＋芝麻油、鹽昆布＋橄欖油……等。本書收錄許多能夠帶出食材美味的調味方式，即便使用相同食材，也能創造嶄新的味覺體驗。

烹調之前

閱讀本書的方法

- Part 1為「主菜」，Part 2為「副菜」，Part 3為「湯品」，Part 4為「飯麵類」，所有章節的食譜皆依主要食材排列。
  根據食材尋找食譜，快速又方便。
- 書末附有根據食材分類的索引，方便大家搜尋所需食譜。
- 關於料理名稱下方或食譜末端的標示。

標示使用烹調器具：
- ＝平底鍋（玉子燒鍋）
- ＝鍋子
- ＝微波爐（電烤箱）

- 超短時 約10Min ＝烹調時間控制在標示的時間內
- 短時 約15Min （烹調時間為參考依據）
- 可冷藏保存 約2～3天 ＝最佳美味享用時限，冷藏保存天數的參考依據
- POINT ＝烹調注意事項，美味的訣竅等

- 1小匙＝5cc、1大匙＝15cc、1杯＝200cc。
- 關於蔬菜，除非特別註明，否則請先行完成清洗、削皮等事前準備工作。
- 使用鐵氟龍不沾平底鍋。
- 白高湯所含鹽分依品牌而異，請試嚐味道並視情況增減鹽巴使用量。
- 微波爐加熱時間是以600W為基準。微波爐加熱時間是根據食材公克數，所以請按照食譜記載的食材分量和加熱時間操作。但實際加熱情況可能因微波爐機種或內部狀態而有所不同，請按照實際情況增減加熱時間。
- 使用微波爐加熱後，如果食材尚未熟透，請以10秒為單位逐次加熱。
- 使用微波爐加熱後，由於容器很燙，請務必小心拿取。
- 容器上覆蓋保鮮膜的情況下，請在容器對角兩處開洞以避免加熱造成容器破裂，覆蓋保鮮膜時務必遵守「鬆鬆地覆蓋即可」的原則。

Part 1

用12種食材烹煮
主菜

單一品項的肉或蛋，
再搭配1～2種食材！

使用薄片豬肉、雞肉、絞肉、雞蛋4種蛋白質食材，
各自搭配1～2種蔬菜，烹調美味又營養的主菜！
使用冷藏室裡的剩餘食材，快速又簡單地做出一道家常菜！

薄切豬肉

各部位切片豬肉・豬五花薄切肉片，快速又美味！

炒番茄的甜味
與辣味醬汁是最佳搭檔！

辣炒豬肉番茄

超短時 約10Min

材料（2人份）

混合不同部位切片豬肉	200g
番茄	2中顆
沙拉油	1大匙
薑泥（管裝）	5cm分量
A｛ 水	1/3杯
番茄醬	2又1/2大匙
砂糖	1/2大匙
顆粒雞湯粉・太白粉	各1/2小匙
豆瓣醬	1/3～1/2小匙
芝麻油	1/2小匙

製作方法

1. 將 **A** 食材混合在一起。番茄切成一口大小的塊狀。
2. 平底鍋裡倒入沙拉油，以中火加熱並稍微拌炒薑泥，然後放入豬肉一起炒。豬肉稍微上色後，倒入番茄一起拌炒。
3. 再次將 **A** 食材混拌均勻並倒入鍋裡，以中大火烹煮1～2分鐘。繞圈倒入芝麻油，略微拌炒後即關火。

用家裡的一般調味料調味也OK！

搭配 + Tomato

主菜 薄切豬肉＋番茄

＼番茄醬汁也能淋在炒雞肉上！／

酥脆豬肉搭配新鮮且爽口的番茄

茄汁豬龍田

材料（2人份）

混合不同部位切片豬肉	200g
番茄	1大顆
沙拉油	3〜4大匙
太白粉	3大匙

A
- 醬油 ……………… 1又1/2大匙
- 清酒 ……………… 1大匙

B
- 芝麻油 …………… 1/2大匙
- 醬油 ……………… 1小匙
- 砂糖 ……………… 1/2小匙
- 薑泥（管裝）…… 5cm分量

製作方法

1 將 **A** 食材和豬肉放入乾淨的塑膠袋中，揉搓10分鐘左右讓食材入味。番茄切小塊備用。

2 在步驟 **1** 的塑膠袋裡撒入太白粉裹勻。將沙拉油倒入平底鍋裡，接著放入步驟 **1** 的食材，油炸至表面酥脆時將沾黏在一起的豬肉剝開，然後瀝乾多餘的油。將番茄和 **B** 食材混合均勻，澆淋在豬肉上。

主菜 薄切豬肉＋番茄

\冬粉超級美味。建議務必添加！/

充滿番茄的鮮甜味！又酸又辣的燉肉

酸辣番茄燉豬肉

超短時 約10Min ｜ 可冷藏保存 約2天

材料（2人份）

豬五花薄切肉片	**150g**
番茄	**1大顆**
豆芽菜	1/2袋
冬粉（短版）	40g
沙拉油	1/2大匙
水	1杯
顆粒雞湯粉	1小匙
A 清酒・醬油	各1/2大匙
鹽	2/3小匙
胡椒	少許
醋	1大匙
辣油	1/2～1小匙

製作方法

1. 豬肉切成3cm寬，番茄切成一口大小的塊狀。

2. 平底鍋裡倒入沙拉油，以中火加熱煸炒豬肉至上色。放入豆芽菜一起炒，加水和顆粒雞湯粉。煮沸後倒入 **A** 食材，以及冬粉和番茄，以中小火燉煮3～4分鐘。關火後加醋拌勻，依個人喜好淋上辣油。

POINT 關火後再加醋，是為了避免酸味蒸發。

主菜 薄切豬肉＋番茄

微波煮熟即可！適合配飯或麵包
燴牛肚風豬肉片

短時 約15Min　可冷藏保存 約2天

材料（2人份）
混合不同部位切片豬肉 …… 200g
番茄 …………………… 1大顆（約200g）
洋蔥 …………………… 1/2顆（100g）
鹽・胡椒 ……………………… 各適量
低筋麵粉 ……………………… 1大匙
蒜泥（管裝） ………… 4～5cm分量
A ┌ 顆粒高湯粉 ………………… 1小匙
　└ 砂糖・鹽 ………………… 各1/3小匙
橄欖油 ………………………… 1大匙

製作方法
1. 將豬肉切成容易入口的大小，稍微多撒一些鹽和胡椒，加入蒜泥混拌均勻，接著倒入低筋麵粉，同樣搓揉均勻。將洋蔥切粗粒備用。

2. 番茄切小塊後放入耐熱容器中。倒入 A 食材和洋蔥、豬肉混合均勻。

3. 鬆鬆地覆蓋保鮮膜，放入微波爐（600W）中加熱7分鐘。取出後攪拌一下，再次覆蓋保鮮膜，加熱3分鐘左右。澆淋橄欖油混合均勻。

POINT 微波加熱後，如果豬肉未熟透，以10秒為單位，逐次加熱至全熟。

橄欖油烹煮義大利風味炒物
起司醬炒番茄豬肉

超短時 約10Min

材料（2人份）
豬五花薄切肉片 ……………… 150g
番茄 ……………………………… 2中顆
橄欖油 ………………………… 1/2大匙
A ┌ 起司粉 …………………… 2大匙
　│ 清酒 ……………………… 1大匙
　│ 鹽 ………………………… 1/4小匙
　└ 粗研磨黑胡椒 …………… 少許

製作方法
1. 豬肉切成3cm寬。番茄切成8等分瓣狀，約一口大小。

2. 平底鍋裡倒入橄欖油，豬肉煸炒至上色後，倒入番茄拌炒一下，然後倒入 A 食材，快速拌炒在一起。

主菜 薄切豬肉＋青花菜

蒸煎青花菜。
1個平底鍋搞定

滑蛋
嫩煎豬肉
青花菜

超短時 約10 Min

美乃滋番茄醬口味也非常好吃！

材料（2人份）

混合不同部位切片豬肉	120g
青花菜	1小株
雞蛋	2顆
沙拉油	1大匙
水	1～2大匙
鹽・胡椒	各適量
A 美乃滋	2大匙
番茄醬	1/2大匙

製作方法

1 豬肉切成容易入口的大小。將青花菜分切成小瓣。雞蛋打散成蛋液後加鹽和胡椒，混拌均勻。將A食材混合在一起備用。

2 平底鍋裡倒入一半分量的沙拉油，以中火加熱，然後將步驟1的蛋液一口氣倒入鍋裡，輕輕攪拌，呈鬆軟狀後立即取出。接著將剩餘一半的沙拉油倒入鍋裡，拌炒豬肉2分鐘後，放入青花菜一起炒，倒入水後蓋上鍋蓋，燜蒸2～3分鐘。倒入A食材和剛才炒好的蛋，稍微翻炒一下即可上桌。

搭配 ＋ Broccoli

主菜 薄切豬肉＋青花菜

/ 微波加熱，立即上桌！\

充滿豬肉和白高湯美味的蔬菜

白高湯蒸煮青花菜豬肉捲

短時 約15Min ｜ 可冷藏保存 約2天

材料（2人份）
豬五花薄切肉片 ……………………… 100g
青花菜 …………………………… 8小瓣
馬鈴薯 ……………… 1中顆（約120g）
A [白高湯・清酒 …………… 各1大匙
橄欖油 …………………………… 1大匙

POINT 豬肉和馬鈴薯未熟透的話，請視情況以每次10秒為單位逐次加熱至熟透。

製作方法

1. 青花菜分切成小瓣，以1/8分量的豬肉片將青花菜捲起來。馬鈴薯削皮後切成7～8mm厚度的扇狀，泡一下水後瀝乾。

2. 將馬鈴薯片均勻鋪在耐熱容器中，接著放入捲好青花菜的豬肉，以繞圈方式澆淋A食材。鬆鬆地覆蓋保鮮膜，放入微波爐（600W）中加熱6分30秒。取出後淋上橄欖油。

主菜 薄切豬肉＋青花菜

\蠔油和芝麻油散發迷人香氣！/

中華料理風味超開胃下飯

蠔油醬炒豬肉青花菜

超短時 約10Min

材料（2人份）

混合不同部位切片豬肉 ……………… 150g
青花菜 …………………………………… 1小株
沙拉油 …………………………………… ½大匙
水 ………………………………………… 2大匙

A ┌ 水 …………………………………… ¼杯
　│ 蠔油 ………………………………… 1大匙
　│ 醬油 ………………………………… 1小匙
　│ 太白粉 ……………………………… ⅔小匙
　│ 芝麻油 ……………………………… ½小匙
　└ 顆粒雞湯粉 ………………………… ⅓小匙

製作方法

1. 青花菜分切成小瓣，然後再切成小塊。菜梗去皮切成容易入口的大小。將 **A** 食材混拌均勻備用。

2. 平底鍋裡倒入沙拉油，以中火加熱煸炒豬肉至上色後，放入青花菜，炒至青花菜變軟。倒入水後蓋上鍋蓋，以小火燜蒸2～3分鐘。

3. 再次拌勻 **A** 食材後倒入鍋裡，拌炒至略為濃稠就完成了。

主菜 薄切豬肉 + 青花菜

濃郁的奶油搭配大量芝麻

芝麻奶油醬燉煮豬肉青花菜

短時 約15Min ｜ 可冷藏保存 約1～2天

材料（2人份）
混合不同部位切片豬肉	150g
青花菜	1小株
洋蔥	½顆
沙拉油	1大匙
低筋麵粉	2大匙
顆粒高湯粉	½小匙
水	1又½杯
牛奶	½杯
白芝麻粉	1又½大匙
鹽	少許

製作方法
1. 青花菜分切成小瓣。洋蔥切成扇狀。豬肉切成容易入口的大小。
2. 平底鍋裡倒入沙拉油，以中火加熱煸炒洋蔥和豬肉。洋蔥變透明且豬肉上色後，倒入低筋麵粉，翻炒至看不見粉末狀，但小心不要燒焦。
3. 倒入水和顆粒高湯粉，稍微攪拌一下。倒入青花菜並蓋上鍋蓋，烹煮過程中上下翻攪一下，以小火烹煮3分鐘左右。添加牛奶和白芝麻粉，翻炒1分鐘左右，最後以鹽巴調整味道。

全部食材微波加熱後，只要混拌均勻就好！

芥末醬佐豬肉青花菜

超短時 約10Min ｜ 可冷藏保存 約1～2天

材料（2人份）
混合不同部位切片豬肉	100g
青花菜	½小株（約120g）
紅蘿蔔	⅓中根（約50g）
清酒	½大匙
A 烤海苔（大張尺寸／撕小片）	½張分量
酒精揮發的味醂*	1大匙
醬油	1大匙
山葵（管裝）	2cm分量

※「酒精揮發的味醂」製作方法：將味醂倒入耐熱容器中，不覆蓋保鮮膜直接放入微波爐（600W）中加熱10秒。

製作方法
1. 青花菜分切成小瓣。紅蘿蔔切成扇狀。豬肉切成容易入口的大小，並且以清酒調味。
2. 將步驟1的食材倒入耐熱容器中，鬆鬆地覆蓋保鮮膜，放入微波爐（600W）中加熱4分30秒。取出後置涼，稍微降溫後添加A食材，拌合均勻即可上桌。

主菜 薄切豬肉＋高麗菜

以市售醬汁迅速又輕鬆調味！

鹽漬高麗菜烤肉

超短時 約10Min

材料（2人份）

混合不同部位切片豬肉	200g
高麗菜	3大片
沙拉油	1/2大匙
鹽	1/3小匙
烤肉醬	適量

製作方法

1. 高麗菜切絲，約5mm寬，撒些鹽，稍微靜置後充分揉搓，再輕輕擠掉多餘水分。將豬肉切成適合入口的大小。

2. 平底鍋裡倒入沙拉油，以中火加熱煸炒豬肉。豬肉完全上色後添加烤肉醬並炒拌均勻。

3. 將步驟1的高麗菜盛裝於器皿中，然後倒入步驟2的食材就完成了。

\ 配角高麗菜表現出色！/

搭配 ＋ Cabbage

主菜 薄切豬肉＋高麗菜

\ 廉價肉片變身塊狀肉！/

捲起薄切肉片，增加塊狀肉口感！
豬肉捲回鍋肉

超短時 約10Min

材料（2人份）
豬五花薄切肉片	**150g**
高麗菜	**4大片**
沙拉油	1小匙
A ┌ 砂糖・醬油	各1大匙
│ 清酒・味噌	各½大匙
└ 豆瓣醬	⅓～½小匙

製作方法

1. 將豬肉片一片一片捲起來。切除高麗菜硬梗部位後切大塊。將 A 食材混拌均勻。

2. 平底鍋裡倒入沙拉油，以中火加熱，將豬肉捲的邊緣煎至上色後，倒入高麗菜一起拌炒。高麗菜變軟後淋上 A 食材，轉為大火快炒一下。

> **POINT** 配合味噌的甜味增減砂糖使用量。

主菜 薄切豬肉＋高麗菜

＼超級開胃下飯的甜味噌／

燉煮至軟爛的高麗菜十分美味

蜂蜜味噌醬煮豬肉高麗菜

超短時 約10Min ｜ 可冷藏保存 約1～2天

材料（2人份）

混合不同部位切片豬肉	**150g**
高麗菜	**4大片**
紅蘿蔔	1/3中根
芝麻油	1/2大匙
高湯	1/3杯
A｜味噌	1又2/3大匙
A｜蜂蜜	1又1/3大匙
A｜醬油	少許

製作方法

1. 豬肉切成容易入口的大小。高麗菜切成粗絲狀。紅蘿蔔也切成粗絲狀。

2. 平底鍋裡倒入芝麻油，以中火加熱煸炒豬肉。豬肉上色後，放入高麗菜和紅蘿蔔快速炒一下。倒入高湯，煮沸後加入 **A** 食材，烹煮3～4分鐘。

POINT 家裡若沒有蜂蜜，可以使用同分量的砂糖取代。

主菜 薄切豬肉＋高麗菜

清淡調味享受食材的原味
白高湯燉煮豬肉高麗菜

超短時 約10Min｜可冷藏保存 約1～2天

材料（2人份）
豬五花薄切肉片⋯⋯⋯⋯250g
高麗菜⋯⋯⋯⋯⋯⋯⋯1/4顆
鴻禧菇⋯⋯⋯⋯⋯⋯⋯1/2盒
A ┌ 水⋯⋯⋯⋯⋯⋯⋯1/2杯
　 └ 白高湯⋯⋯⋯⋯⋯3大匙

製作方法
1. 豬肉切成3cm寬度。高麗菜對半切開。切掉鴻喜菇底部並撥散。
2. 鍋（或平底鍋）裡倒入 A 食材，接著放入步驟1的食材後蓋上鍋蓋，燜煮3分鐘左右。

微波加熱超簡單！不加油健康吃
大量高麗菜御好燒

超短時 約10Min

材料（2人份）
豬五花薄切肉片⋯⋯⋯⋯100g
高麗菜⋯⋯3大片（約230g）
A ┌ 雞蛋⋯⋯⋯⋯⋯⋯⋯1顆
　 │ 低筋麵粉⋯⋯⋯⋯⋯2大匙
　 └ 顆粒日式高湯粉⋯⋯1小匙
中濃醬汁⋯⋯⋯⋯⋯1又1/2大匙
青海苔粉⋯⋯⋯⋯⋯⋯⋯適量

製作方法
1. 豬肉切成3cm寬度。高麗菜切成5mm寬的條狀。
2. 將 A 食材和步驟1食材放入耐熱容器中，充分攪拌均勻。鋪平後鬆鬆覆蓋保鮮膜，放入微波爐（600W）中加熱5分鐘。
3. 盛裝於盤子上，澆淋中濃醬汁並撒上青海苔粉。

POINT 中間部位若沒有熟透，請視情況以10秒為單位逐次加熱。

主菜 薄切豬肉＋紅蘿蔔

也可以依個人喜好添加純辣椒粉！

搭配＋ Carrot

訣竅是使用豬肉本身的油脂煸炒紅蘿蔔

沖繩風炒紅蘿蔔

超短時 約10Min　可冷藏保存 約1～2天

材料（2人份）

豬五花薄切肉片	150g
紅蘿蔔	1小根
雞蛋	1顆
木綿豆腐	½盒（150g）
沙拉油	½大匙
A｜鹽	⅓小匙
｜顆粒日式高湯粉	1小匙

製作方法

1 紅蘿蔔切成粗絲狀。用廚房紙巾包覆豆腐，確實瀝乾水分。豬肉切成3cm寬度。雞蛋打散成蛋液備用。

2 平底鍋裡倒入沙拉油，以大火加熱煸炒豬肉。豬肉上色後放入紅蘿蔔絲炒2～3分鐘，整體沾上油後，撒上 **A** 食材拌炒在一起。

3 將豆腐捏成一口大小，放入鍋裡後轉為中火拌炒，接著以繞圈方式澆淋蛋液，炒一下讓蛋液變鬆軟且熟了之後即可關火。

主菜 薄切豬肉 + 紅蘿蔔

少量油即可煎炸，快速又簡單

紅蘿蔔天婦羅

超短時 約10Min ／ 可冷藏保存 約1～2天

材料（2人份）

混合不同部位切片豬肉	100g
紅蘿蔔	1小根
蛋液	1顆分量
低筋麵粉	1/3杯
沙拉油	4大匙
鹽	適量

製作方法

1. 豬肉切小塊。紅蘿蔔切絲。
2. 蛋液裡倒入1/2杯（約100cc）的水（分量外），連同低筋麵粉一起放入小型攪拌盆中攪拌一下。接著放入步驟 **1** 的食材後再攪拌一下。
3. 平底鍋裡倒入沙拉油加熱，用湯匙逐次取1/4分量的 **2** 放入熱油中，以中火煎炸2分鐘左右（過程中上下翻面）。盛裝在盤子裡，倒一些鹽巴在旁邊供沾取調味。

豬肉裹低筋麵粉，味道更融合

番茄醬炒豬肉紅蘿蔔

超短時 約10Min ／ 可冷藏保存 約1～2天

材料（2人份）

混合不同部位切片豬肉	150g
紅蘿蔔	1小根
洋蔥	1/2顆
低筋麵粉	適量
鹽・胡椒	各適量
水	1大匙
A ┌ 番茄醬	2大匙
├ 顆粒芥末醬	1小匙
└ 砂糖	1/2小匙
沙拉油	1大匙

製作方法

1. 豬肉切成容易入口的大小，稍微多撒些鹽和胡椒，然後薄薄裹上一層低筋麵粉。紅蘿蔔切成略細條狀。洋蔥切成6～7mm厚度。將 **A** 食材混拌均勻備用。
2. 平底鍋裡倒入沙拉油，以中火加熱煸炒豬肉。豬肉上色後，放入紅蘿蔔一起炒。倒入水後蓋上鍋蓋，燜煮2～3分鐘。
3. 加入洋蔥拌炒在一起，倒入 **A** 食材後稍微炒一下即可起鍋。

主菜 薄切豬肉 + 紅蘿蔔

帶出豬肉和蔬菜的鮮甜，簡單又美味

昆布麵汁燉煮豬肉紅蘿蔔

超短時 約10Min ／ 可冷藏保存 約1～2天

材料（2人份）
混合不同部位切片豬肉 …… 150g
紅蘿蔔 ……………………… 1小根
鴻喜菇 ……………………… 1/2盒
A ┌ 昆布麵汁（3倍濃縮）…… 2又1/2大匙
　└ 水 …………………………… 1/3杯
白芝麻粉 ………………… 1又1/2大匙

製作方法
1 豬肉切成容易入口的大小。使用削皮刀將紅蘿蔔削成較短的緞帶狀。切掉鴻喜菇底部並撥散。

2 將 A 食材倒入鍋裡，以中火煮沸後放入豬肉和紅蘿蔔，蓋上鍋蓋燜煮3～4分鐘。加入鴻喜菇，煮熟即可關火。盛裝於器皿中並撒些芝麻。

POINT 用削皮刀處理紅蘿蔔，不僅熟得快，口感也比較新鮮。

微波加熱後淋上醃漬液，充分攪拌即可

蜂蜜檸檬醃豬肉

超短時 約10Min ／ 可冷藏保存 約2～3天

材料（2人份）
混合不同部位切片豬肉 …… 150g
紅蘿蔔 ……… 1小根（約120g）
A ┌ 水 ………………………… 2大匙
　└ 顆粒高湯粉 …………… 1/2小匙
B ┌ 檸檬汁 …………………… 3大匙
　└ 蜂蜜 …………………… 1/2大匙

製作方法
1 紅蘿蔔切絲。豬肉切成容易入口的大小，用 A 食材充分揉搓調味。

2 將紅蘿蔔、豬肉放入耐熱攪拌盆中混拌均勻，鬆鬆地覆蓋保鮮膜，放入微波爐（600W）中加熱4分鐘。靜置一旁放涼。

3 添加 B 食材，充分拌合均勻就完成了。

主菜 薄切豬肉＋洋蔥

／洋蔥切大塊，增加存在感！＼

新鮮的大蒜和生薑更美味！

蠔油炒豬肉洋蔥

超短時 約10 Min

材料（2人份）
混合不同部位切片豬肉	150g
洋蔥	1小顆
沙拉油	½大匙

A：
- 清酒⋯⋯1又½大匙
- 蠔油・白芝麻粉⋯⋯各1大匙
- 砂糖⋯⋯1又½小匙
- 芝麻油⋯⋯½小匙
- 蒜泥・薑泥（各為管裝）⋯⋯各3～4cm分量

製作方法

1. 豬肉切成容易入口的大小。洋蔥分切成6等分瓣狀，一片片剝開備用。將 **A** 食材混拌均勻。

2. 平底鍋裡倒入沙拉油，以中火加熱煸炒豬肉。豬肉上色後加入洋蔥，稍微炒一下，蓋上鍋蓋並轉為中小火燜煮2～3分鐘。

3. 加入 **A** 食材，轉為大火快速拌炒一下。

主菜 薄切豬肉＋洋蔥

糖醋醬和水煮豬肉是最佳拍檔
蒜泥糖醋白肉

超短時 約10Min ｜ 可冷藏保存 約1～2天

材料（2人份）
混合不同部位切片豬肉 …………… 150～200g
清酒 ………………………… 1大匙
太白粉 ……………………… 適量

A ┃ 洋蔥（切末） … 1/4大顆分量
　 ┃ 醋 …………………… 2又1/2大匙
　 ┃ 醬油 ………………… 1又1/2大匙
　 ┃ 芝麻油 ……………… 1大匙
　 ┃ 砂糖 ………………… 1/2大匙
　 ┃ 蒜泥・薑泥（各管裝）
　 ┃ ………………… 各3～4cm分量

製作方法

1. 平底鍋裡倒入大量熱水（分量外）並煮沸。透過搓揉讓清酒確實滲透至豬肉中，接著撒上薄薄一層太白粉。

2. 步驟1的熱水煮沸後放入豬肉，撥散並烹煮2分鐘左右。撈起來瀝乾水分，盛裝於器皿中置涼。

3. 將A食材混拌均勻，淋在豬肉上就完成了。

訣竅是蔬菜稍微汆燙就好
燉煮清爽咖哩豬

超短時 約10Min ｜ 可冷藏保存 約1～2天

材料（2人份）
混合不同部位切片豬肉 …… 150g
洋蔥 ………………………… 1/2顆
紅蘿蔔 ……………………… 1/3中根
低筋麵粉 …………………… 適量
芝麻油 ……………………… 1/2大匙

A ┃ 高湯 ………………… 1/2杯
　 ┃ 砂糖・醬油 ……… 各1/2大匙
　 ┃ 咖哩粉 …………… 1/2小匙
醋 …………………………… 2大匙

製作方法

1. 豬肉切成容易入口的大小，撒上薄薄一層低筋麵粉。紅蘿蔔切成細絲。洋蔥切成1～1.5cm寬。

2. 平底鍋裡倒入芝麻油加熱煸炒豬肉，豬肉上色後放入紅蘿蔔和洋蔥炒在一起。放入A食材，以中小火烹煮3分鐘。倒入醋後即關火。

主菜 薄切豬肉 + 洋蔥

蒸炒過的洋蔥鮮甜美味
醬油煸炒豬肉洋蔥

超短時 約10Min

材料（2人份）
混合不同部位切片豬肉 ……150g
洋蔥………………………… 1小顆
青紫蘇（切絲／家裡有的話）
………………………………… 適量
沙拉油 ………………… 1/2大匙
A ┌ 醬油 …………………… 1大匙
  │ 清酒 ………………… 1/2大匙
  └ 薑泥（管裝）……… 1/2大匙

製作方法

1. 豬肉切成容易入口的大小。洋蔥切成6等分瓣狀，並且一片一片剝開。將 A 食材混拌均勻備用。

2. 平底鍋裡倒入沙拉油，以中火加熱煸炒豬肉。豬肉上色後放入洋蔥拌炒，蓋上鍋蓋並轉為中小火燜煮2～3分鐘。接著轉為中大火並以繞圈方式倒入 A 食材，快速拌炒一下即可盛裝於器皿中，家裡若有青紫蘇，可以撒一些增添風味。

微波加熱即可快速上桌，也適合作為便當配菜
豬肉洋蔥佐柚子醋醬油

超短時 約10Min 可冷藏保存 約1～2天

材料（2人份）
豬五花薄切肉片……………… 150g
洋蔥…………… 1小顆（約150g）
柚子醋醬油……… 2又1/2～3大匙
白芝麻粉 ……………………… 少許
青紫蘇（切絲／家裡有的話）
………………………………… 適量

POINT 訣竅是平鋪洋蔥後再鋪豬肉，讓豬肉吸收洋蔥的甜味。

製作方法

1. 豬肉切成3～4cm寬。洋蔥切成1cm寬。

2. 剝開洋蔥並鋪於耐熱容器中，然後鋪上豬肉，注意豬肉不要疊在一起。一層洋蔥一層豬肉，反覆鋪好後以繞圈方式澆淋柚子醋醬油，鬆鬆地覆蓋保鮮膜，放入微波爐（600W）中加熱4分30秒。取出後撒些芝麻和青紫蘇即可上桌。

主菜 薄切豬肉＋馬鈴薯

一人氣韓式料理新創意！

短時 + Potato

事先調味食材，再蒸炒處理即可

簡單起司辣炒雞

短時 約15Min

材料（2人份）

混合不同部位切片豬肉 ……………… 150g
馬鈴薯 …………………………………… 2中顆
芝麻油 …………………………………… 1大匙
A ┌ 清酒・蜂蜜 ………………………… 各1大匙
　│ 醬油・味噌 ………………………… 各½大匙
　│ 韓式辣椒醬 ………………………… 1小匙
　│ 芝麻油 ……………………………… ½小匙
　└ 蒜泥（管裝）……………………… 4cm分量
韓式泡菜 ………………………………… 80g
披薩用起司 ……………………………… 50～60g

製作方法

1. 馬鈴薯削皮後切成7～8mm厚度的半月形，浸泡在水裡2～3分鐘。將 A 食材放入攪拌盆中混拌均勻，接著放入豬肉揉搓入味。瀝乾馬鈴薯後也放入攪拌盆中，將切成適當大小的韓式泡菜一起放進去拌勻。

2. 平底鍋裡倒入芝麻油，以中火加熱。將步驟 1 的食材全部倒入鍋裡，稍微拌炒後蓋上鍋蓋，燜煮6～7分鐘。撒入起司，蓋上鍋蓋再燜煮1～2分鐘就完成了。

POINT 鈴薯泡水備用，拌炒時比較不會產生黏性。

主菜 薄切豬肉 ＋ 馬鈴薯

微辣口感和馬鈴薯十分對味

柚子胡椒
焗炒豬肉馬鈴薯

超短時 約10Min

材料（2人份）
豬五花薄切肉片 …………150g
馬鈴薯 ……………………2中顆
芝麻油 ……………………½大匙
水 …………………………1大匙
A ┌ 水 ……………………¼杯
　│ 柚子胡椒 ………½～1小匙
　│ 顆粒雞湯粉‧
　│ 　太白粉 ………各½小匙
　└ 鹽 ………………………少許

製作方法
1. 豬肉切成3～4cm寬，馬鈴薯切成6～7mm條狀。將A食材混拌均勻備用。
2. 平底鍋裡倒入芝麻油，以中火加熱煸炒豬肉。豬肉上色後，放入馬鈴薯一起拌炒。加水後蓋上鍋蓋，以小火燜煮3分～3分30秒。再次攪拌A食材後倒入鍋裡，轉為大火快炒一下。

西洋風味的豬肉馬鈴薯適合配飯配麵包

茄汁豬肉馬鈴薯

短時 約15Min ｜ 可冷藏保存 約1～2天

材料（2人份）
混合不同部位切片豬肉 ……150g
馬鈴薯 ……………………2中顆
番茄 ………………………1大個
橄欖油 ……………………1大匙
鹽‧胡椒 …………………各少許
低筋麵粉 …………………適量
牛奶 ………………………⅓杯
A ┌ 水 ……………………½杯
　│ 清酒 …………………1大匙
　└ 顆粒高湯粉 …………1小匙
B ┌ 砂糖 …………………½小匙
　│ 鹽 ……………………⅓小匙
　└ 胡椒 …………………少許

製作方法
1. 豬肉切成容易入口的大小，以鹽和胡椒調味後，均勻裹上略厚一層的低筋麵粉。馬鈴薯削皮切成7～8mm厚度扇狀，浸泡在水裡2～3分鐘後瀝乾。番茄切丁，約2cm大小。
2. 平底鍋裡倒入橄欖油和豬肉，以中火加熱。煸炒至豬肉稍微上色後，放入馬鈴薯、番茄和A食材。蓋上鍋蓋並轉為小火燜煮7～8分鐘，倒入牛奶烹煮1分鐘左右。最後以B食材調整味道。

31

主菜　薄切豬肉＋馬鈴薯

無需費時製作白醬，超級簡單又美味！

白醬焗烤豬肉馬鈴薯

短時 約15Min

材料（2人份）
混合不同部位切片豬肉 …… 100g
馬鈴薯 ……… 2中顆（約240g）
橄欖油 ………………………… 1大匙
牛奶 …………………………… 1杯
低筋麵粉 ……………………… 1大匙
蒜泥（管裝）………… 2～3cm分量
鹽 …………………………… 1/3小匙
披薩用起司 …………………… 50～60g

製作方法

1. 馬鈴薯削皮切成3～4mm厚度片狀（不需要事先泡水）。

2. 將低筋麵粉塗抹在豬肉上，以平底鍋熱油後煸炒豬肉。豬肉上色後倒入步驟1的食材和牛奶，以中火煮沸後轉為小火。倒入蒜泥和鹽，烹煮5分鐘。

3. 將步驟2的食材移至耐熱容器中，鋪一層披薩用起司，放入電烤箱（1000W）中烘烤至上色。

POINT 為了讓馬鈴薯所含的澱粉變粘稠，不需要事先泡水。

只需要用美乃滋和蒜泥調味，簡單又美味！

美乃滋蒜炒豬肉馬鈴薯

超短時 約10Min

材料（2人份）
混合不同部位切片豬肉 …… 150g
馬鈴薯 ………………………… 1大顆
舞菇 …………………………… 1/3袋
芝麻油 ………………………… 1/2大匙
A ┌ 美乃滋 ……………………… 2大匙
　└ 蒜泥（管裝）……… 4～5cm分量

製作方法

1. 馬鈴薯削皮後切成5～6mm厚度的半月形，稍微浸泡在水裡。切掉舞菇底部後撥散。

2. 平底鍋裡倒入芝麻油，以中火加熱並快速拌炒豬肉，接著倒入瀝乾的馬鈴薯，轉為中小火後蓋上鍋蓋，燜煮3～4分鐘。接著倒入舞菇和A食材，再拌炒1～2分鐘即可上桌。

主菜 薄切豬肉＋豆芽菜

搭配＋ Bean sprouts

／肉和魚變得更美味的魔法豆芽菜！＼

略微濃稠的蠔油醬淋在酥脆豬肉上
豬龍田揚佐蠔油醬

超短時 約10Min

材料（2人份）
- 豬五花薄切肉片⋯⋯⋯⋯⋯⋯150g
- 豆芽菜⋯⋯⋯⋯⋯⋯⋯⋯⋯1袋
- 沙拉油⋯⋯⋯⋯⋯⋯⋯⋯⋯1/2大匙
- A
  - 水⋯⋯⋯⋯⋯⋯⋯⋯⋯1/2杯
  - 鹽⋯⋯⋯⋯⋯⋯⋯⋯⋯1/4小匙
  - 蠔油⋯⋯⋯⋯⋯⋯⋯⋯1/2大匙
  - 砂糖⋯⋯⋯⋯⋯⋯⋯⋯1小匙
- ●太白粉溶液
  - 太白粉⋯⋯⋯⋯⋯⋯⋯1/2小匙
  - 水⋯⋯⋯⋯⋯⋯⋯⋯⋯1小匙

製作方法
1. 豬肉切成容易入口的大小。豆芽菜切段。
2. 平底鍋裡倒入沙拉油，以中火加熱，放入豬肉煎炸至酥脆後取出。
3. 將 A 食材快速淋在平底鍋裡，以中火加熱。煮沸後倒入豆芽菜，烹煮1～2分鐘後倒入太白粉溶液勾芡，最後然後淋在步驟 2 的豬肉上就完成了。

33

主菜 薄切豬肉＋豆芽菜

微波加熱後立即上桌！省時省力又省錢

咖哩南蠻豬肉豆芽菜

超短時 約10Min ｜ 可冷藏保存 約2～3天

材料（2人份）
混合不同部位切片豬肉 …… 100g
豆芽菜 …………………… 1袋（200g）
鹽・胡椒 …………………… 各適量
A ┌ 高湯 ………………………… 1/3杯
  │ 醋 ………………………… 2大匙
  │ 砂糖・醬油 …………… 各1/2大匙
  │ 咖哩粉 …………………… 1小匙
  └ 紅辣椒（切小塊）
      …………………… 1/2根分量

製作方法
1 豬肉切成容易入口的大小，稍微多撒一些鹽和胡椒。將A食材混拌均勻備用。

2 將豆芽菜和豬肉放入耐熱容器中，鬆鬆地覆蓋保鮮膜，放入微波爐（600W）中加熱2分30秒。

3 瀝乾2攪拌盆裡的水，倒入A食材混拌入味。

POINT 為了減少湯汁產生，必須先將水瀝乾。微波加熱後務必小心不要燙傷。

豬肉裹粉讓食材更入味

韓式豬肉豆芽菜

超短時 約10Min

材料（2人份）
混合不同部位切片豬肉 …… 200g
豆芽菜 …………………………… 1/2袋
沙拉油 …………………………… 1大匙
低筋麵粉 ………………………… 1大匙
A ┌ 番茄醬 …………………… 3大匙
  │ 韓式辣椒醬 ………… 1/2～1大匙
  │ 醬油・蜂蜜 …………… 各1/2大匙
  │ 芝麻油 …………………… 1小匙
  └ 蒜泥（管裝）
      ………………………… 5～6cm分量
白芝麻粉 ………………………… 適量

製作方法
1 將豬肉和低筋麵粉倒入乾淨的塑膠袋中，充分搓揉均勻。將A食材混拌均勻備用。

2 平底鍋裡倒入沙拉油加熱，煸炒步驟1的豬肉。豬肉上色後放入豆芽菜一起炒，蓋上鍋蓋燜煮2分鐘。加入A食材混拌在一起。盛裝於盤子上，最後撒些芝麻粉就完成了。

主菜 薄切豬肉 + 豆芽菜

以烤肉醬調味的納豆是美味的重要角色
納豆炒豬肉豆芽菜

超短時 約10Min

材料（2人份）
混合不同部位切片豬肉 …… 200g
豆芽菜 …………………… 1袋
納豆 ……………………… 1盒
沙拉油 …………………… 1大匙
烤肉醬 …………………… 3大匙
鹽 ………………………… 少許

製作方法
1. 豬肉切成容易入口的大小。用烤肉醬拌勻納豆備用。
2. 平底鍋裡倒入一半分量的沙拉油，以中火加熱煸炒豬肉。豬肉完全上色後取出。
3. 平底鍋裡倒入剩餘的沙拉油，以中火加熱快速煸炒納豆，接著倒入豆芽菜一起炒，豆芽菜稍微變軟後，將豬肉重新倒回鍋裡，拌炒均勻後以鹽巴調整味道。

只添加鹽、醋和黑胡椒，味道清爽不膩
鹽醋煸炒豬五花豆芽菜

超短時 約10Min

材料（2人份）
豬五花薄切肉片 ………… 150g
豆芽菜 …………………… 1袋
紅蘿蔔 …………………… 中1/3根
沙拉油 …………………… 1/2大匙
A ┌ 醋 …………………… 1又1/2大匙
  │ 顆粒雞湯粉・粗研磨黑胡椒
  │ ………………………… 各1/2小匙
  └ 鹽 …………………… 1/3小匙

製作方法
1. 豬肉切成3～4cm寬。紅蘿蔔切絲。將A食材混拌均勻備用。
2. 平底鍋裡倒入沙拉油，以中火加熱煸炒豬肉。將豬肉一片片撥開，上色後倒入紅蘿蔔和豆芽菜一起拌炒，再次將A食材拌勻後倒入鍋裡拌炒在一起。

35

主菜 薄切豬肉＋蕈菇

\ 節省食材且外觀精緻的一道佳餚！/

搭配＋Mushroom

充滿奶油、檸檬、大蒜的濃郁香氣

奶油檸檬蒜香豬肉金針

超短時 約10Min

材料（2人份）
混合不同部位切片豬肉	200g
金針菇	1袋
奶油	1大匙
橄欖油	½大匙
A ┌ 檸檬汁	1又½大匙
│ 芝麻油	1小匙
│ 鹽	¼小匙
└ 蒜泥（管裝）	4cm分量
粗研磨黑胡椒	少許

製作方法

1. 豬肉切成容易入口的大小。切掉金針菇底部，然後切成大約3cm長。將 **A** 食材混拌均勻備用。

2. 平底鍋裡倒入奶油和橄欖油，以中火加熱煸炒豬肉。豬肉完全上色後，加入金針菇一起炒，然後倒入 **A** 食材稍微翻炒一下。盛裝於容器中，再撒些黑胡椒就完成了。

主菜 薄切豬肉＋蕈菇

白高湯和芝麻、起司是最佳搭檔！

和風起司蒸煮豬肉蕈菇

超短時 約10Min

材料（2人份）
豬五花薄切肉片……………150g
鴻喜菇………………………1盒
金針菇………………………1袋
芝麻油………………………1/2大匙
A ┌ 白高湯……………………2大匙
　└ 清酒………………………1大匙
披薩用起司…………………40g
粗研磨黑胡椒………………少許

製作方法

1. 豬肉切成3cm寬。切掉金針菇底部，然後對半切開。切掉鴻禧菇底部並撥散。

2. 平底鍋裡倒入芝麻油，以中火加熱快炒豬肉。將金針菇均勻撒在鍋裡，然後均勻倒入A食材和起司。蓋上鍋蓋，以中小火燜煮2分鐘左右。盛裝於器皿中，最後撒些黑胡椒粉就完成了。

添加番茄醬的茄汁是白飯的最佳好友

甜辣醋炒豬肉舞

超短時 約10Min

材料（2人份）
混合不同部位切片豬肉……150g
舞菇…………………………1盒
洋蔥…………………………1/4顆
紅辣椒（切小塊）……1根分量
芝麻油………………………1大匙
低筋麵粉……………………適量
A ┌ 醋…………………1又2/3大匙
　│ 清酒………………………1大匙
　│ 醬油・番茄醬……各1/2大匙
　└ 砂糖………………………1小匙

製作方法

1. 豬肉切成容易入口的大小，抹上薄薄一層低筋麵粉。將舞菇撥散，洋蔥切薄片。將A食材混拌均勻備用。

2. 平底鍋裡倒入芝麻油和紅辣椒，以中火加熱煸炒豬肉。豬肉上色後倒入洋蔥和舞菇拌炒在一起，然後倒入A食材拌炒均勻。

37

主菜 薄切豬肉＋蕈菇

使用奶油和優格輕鬆完成一道菜！

口感溫和俄式炒豬肉

超短時 約10Min

材料（2人份）
混合不同部位切片豬肉 ……130g
鴻喜菇…………………………1盒
洋蔥……………………………½小顆
鹽・胡椒………………………各適量
低筋麵粉………………………1大匙
原味優格（無糖）……………150g
顆粒高湯粉……………………½小匙
奶油……………………………1大匙
鹽………………………………¼～⅓小匙
水………………………………¼杯

製作方法

1. 豬肉切成容易入口的大小，加鹽和胡椒拌勻調味。切掉鴻禧菇底部並撥散。洋蔥切成薄片。

2. 平底鍋裡倒入奶油，以中火加熱，奶油融化後倒入豬肉煸炒。豬肉上色後，倒入洋蔥和鴻禧菇拌炒在一起。接著倒入低筋麵粉，炒至看不見粉末狀後加水和顆粒高湯粉烹煮1～2分鐘。倒入優格，烹煮時邊攪拌1分鐘左右，最後以鹽調整味道就完成了。

多做一些作為常備菜，省時又方便

中式醃豬肉蕈菇

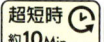

超短時 約10Min　可冷藏保存 約2～3天

材料（2人份）
豬五花薄切肉片………………100g
鴻喜菇…………………1盒（100g）
金針菇…………………1袋（100g）
A ┌ 醋………………………………⅓杯
　│ 砂糖……………………………⅔大匙
　│ 醬油・芝麻油…………………各1大匙
　│ 鹽………………………………¼小匙
　└ 薑泥（管裝）…………………5cm分量

製作方法

1. 豬肉切成3cm寬。切掉鴻禧菇底部並撥散。切除金針菇底部後分切成3等分。將 **A** 食材混拌均勻備用。

2. 將豬肉和蕈菇放入較大的耐熱攪拌盆中拌勻，鬆鬆地覆蓋保鮮膜，放入微波爐（600W）中加熱3分30秒。撈起來瀝乾後添加 **A** 食材並充分攪拌均勻，讓味道確實滲透至食材中。

雞肉

使用雞腿肉・雞胸肉・雞翅中段
打造變化無窮的菜餚！

用微波爐
也能做出正統咖哩料理

微波奶油咖哩雞

可冷藏保存
約2～3天

材料（2～3人份）

雞腿肉（唐揚炸雞用）……………約200g
番茄……………2中顆（約300g）
洋蔥……………1/2顆（約100g）
奶油……………30g
鹽……………適量
低筋麵粉……………1大匙

A ｜ 咖哩粉……………2大匙
　　｜ 原味優格（無糖）……………4大匙

B ｜ 蒜泥・薑泥（各管裝）
　　　　　　　　……………各2cm分量

顆粒高湯粉……………1/2小匙
奶油（收尾用）……………1大匙

製作方法

1. 稍微多灑一些鹽在雞肉上搓揉至入味，添加 **A** 食材後繼續搓揉並靜置10～15分鐘。番茄切成一口大小的塊狀，洋蔥切末。

2. 將洋蔥放入耐熱攪拌盆中，倒入低筋麵粉並充分搓揉均勻。鋪上撕小塊的奶油，接著鋪上番茄並撒一些顆粒高湯粉。將雞肉平鋪在上面並均勻撒上 **B** 食材。鬆鬆地覆蓋保鮮膜，放入微波爐（600W）中加熱7分鐘。

3. 取出後立即放入奶油，再次覆蓋保鮮膜並靜置5分鐘左右。整體攪拌均勻，最後以鹽調整味道。

POINT 雞肉沾裹優格，口感更軟嫩。

撲鼻的迷人奶油香氣～！

搭配 + Tomato

> 主菜 雞肉＋番茄

／雞胸肉黏呼呼軟綿綿＼

鮮甜的番茄結合味噌的甜味，雞肉鮮美又軟嫩

茄汁味噌炒雞肉

超短時 約10Min

材料（2人份）

雞胸肉	1片（約250g）
番茄	1大顆
沙拉油	1大匙
清酒	1大匙
低筋麵粉	適量
A 味噌・味醂	各1大匙
砂糖・芝麻油	各1小匙

製作方法

1. 將雞肉斜切成一口大小，以清酒搓揉後抹上薄薄一層低筋麵粉。番茄切小塊後和 A 食材混合在一起。

2. 平底鍋裡倒入沙拉油，以中火加熱煸炒雞肉。雞肉上色後蓋上鍋蓋，以小火燜煮2分鐘左右後取出。

3. 取另外一只平底鍋，將步驟1的食材連同湯汁一起倒入鍋裡，快速拌炒一下。將步驟2食材也倒入鍋裡，快速翻炒在一起。

主菜 雞肉＋番茄

用番茄中和韓式泡菜的辛辣！
韓式泡菜燉雞

短時 約15Min　可冷藏保存 約2〜3天

材料（2人份）
雞胸肉 …………… 1片（250〜300g）
番茄 ………………………………… 1大顆
鹽・胡椒 ………………………… 各少許
沙拉油 …………………………… 1大匙
A ┌ 韓式泡菜 ……………………… 80g
　│ 清酒 …………………………… 2大匙
　│ 韓式辣椒醬 …………………… 1小匙
　└ 顆粒雞湯粉 ………………… 1/2小匙
白胡椒粉 …………………… 1又1/2大匙

製作方法

1 將雞肉切成8等分後撒上鹽和胡椒調味。泡菜葉如果太大，切成適當大小，番茄切成一口大小的塊狀。

2 平底鍋裡倒入沙拉油，以中火加熱煎雞肉，煎2〜3分鐘至兩面都上色。

3 將 A 食材和番茄也倒入平底鍋裡，轉為中小火燉煮4〜5分鐘。添加芝麻輕輕混拌均勻，繼續燉煮2分鐘。

POINT▶ 依韓式泡菜的辣度調整使用量。

主菜 雞肉＋番茄

微波加熱番茄×鹽昆布，無敵美味又快速

鹽昆布醃漬番茄雞

短時 約15Min ｜ 可冷藏保存 約2～3天

材料（2人份）

- 雞胸肉⋯⋯⋯1/2大片（約150g）
- 番茄⋯⋯⋯⋯1大顆（約200g）
- 清酒⋯⋯⋯⋯⋯⋯⋯⋯1/2大匙
- 太白粉⋯⋯⋯⋯⋯⋯⋯⋯1小匙
- A ┌ 鹽昆布⋯⋯⋯⋯⋯⋯5～6g
    │ 白高湯・水⋯⋯⋯各2大匙
    └ 橄欖油⋯⋯⋯⋯⋯1/2大匙

製作方法

1. 番茄切成1cm丁狀。將番茄和 **A** 食材倒入攪拌盆中混拌均勻。

2. 沿著纖維走向將雞肉切成1～1.5cm寬的條狀，用清酒和太白粉充分搓揉均勻，然後平鋪於耐熱器皿上。鬆鬆地覆蓋保鮮膜，放入微波爐（600W）中加熱3分30秒。在覆蓋保鮮膜的狀態下靜置1分鐘左右。

3. 將步驟 **2** 食材倒入 **1** 的攪拌盆中混合在一起，均勻攪拌5～10分鐘。

POINT 在覆蓋保鮮膜的狀態下靜置是為了透過餘溫繼續加熱雞肉，讓雞肉口感更軟嫩。

雞胸肉裹粉煎，口感更軟嫩

香辣茄汁雞

超短時 約10Min

材料（2人份）

- 雞胸肉⋯⋯⋯⋯1片（約250g）
- 番茄⋯⋯⋯⋯⋯⋯⋯⋯⋯2中顆
- 沙拉油⋯⋯⋯⋯⋯⋯⋯⋯2大匙
- 低筋麵粉⋯⋯⋯⋯⋯⋯⋯⋯適量
- A ┌ 芝麻油⋯⋯⋯⋯⋯1/2大匙
    │ 醋⋯⋯⋯⋯⋯⋯⋯⋯2小匙
    │ 砂糖・醬油⋯⋯⋯各1小匙
    │ 豆瓣醬⋯⋯⋯⋯1/3～1/2小匙
    └ 白芝麻粉⋯⋯⋯⋯⋯⋯少許

製作方法

1. 雞肉斜切成薄片，抹上薄薄一層低筋麵粉。番茄切小塊，和 **A** 食材混合在一起。

2. 平底鍋裡倒入沙拉油，以中火加熱，將雞肉油煎至有點酥脆。盛裝於器皿中，連同湯汁將番茄淋在雞肉上。

POINT 依個人喜好增減豆瓣醬的使用量。

主菜 雞肉＋青花菜

微波加熱充滿蒜香的優格醬！

雞排佐青花菜醬

材料（2人份）

雞胸肉	1片（約250g）
青花菜	½株（約120g）
炸物用油	適量
低筋麵粉	適量
蛋液	1顆分量
麵包粉	⅓杯
起司粉	1又½大匙
鹽‧胡椒	各少許
鹽	¼小匙

A
原味優格（無糖）	3大匙
橄欖油	1大匙
蒜泥（管裝）	1～1.5cm分量

製作方法

1. 雞肉去皮後蓋上保鮮膜，用擀麵棍將雞肉盡量捶扁，兩面皆撒上鹽和胡椒。將麵包粉和起司粉混合均勻備用。

2. 將雞肉依序沾上低筋麵粉、蛋液、和步驟1的麵包粉。放入加熱至170～180度C的熱油中油炸3分鐘左右（油炸過程中上下翻面），然後盛裝於瀝油的器具中。

3. 青花菜切末並放入耐熱容器中，撒鹽後鬆鬆地覆蓋保鮮膜，放入微波爐（600W）中加熱2分30秒，靜置一旁放涼。稍微冷卻後，和A食材混合在一起並澆淋在2上面。

起司裹粉酥脆又美味！

搭配＋Broccoli

43

主菜 雞肉＋青花菜

濃稠的起司覆入一吃就上癮！

只用烤肉醬就能完美調味！
起司蒸煮雞肉青花菜

超短時 約10Min

材料（2人份）

雞腿肉（唐揚炸雞用）……………約200g
青花菜……………………1小株（約180g）
清酒……………………………………1大匙
烤肉醬…………………………………¼杯
披薩用起司……………………………40g

製作方法

1. 用清酒揉搓雞肉入味。青花菜分切成小瓣。

2. 將雞肉放入耐熱攪拌盆中，倒入烤肉醬充分揉搓均勻，接著倒入青花菜。鬆鬆地覆蓋保鮮膜，放入微波爐（600W）中加熱5分鐘。

3. 取出後立刻撕開保鮮膜攪拌均勻，倒入起司後再次覆蓋保鮮膜並靜置2～3分鐘。

主菜 雞肉＋青花菜

＼建議可以作為便當配料／

雞肉濕潤且軟嫩，涼了也不減好滋味

青花菜佐雞肉天婦羅

超短時 約10Min　可冷藏保存 約1～2天

材料（2人份）

雞胸肉	1/2大片（約150g）
青花菜	1/3株
炸物用油	適量
天婦羅粉	1/2杯
鹽	少許

製作方法

1. 雞肉切成1.5cm塊狀。青花菜分切成小瓣。
2. 按照天婦羅粉包裝上的標示加水（分量外）攪拌均勻，將步驟1的食材放進去並拌勻。
3. 將炸物用油加熱至180度C左右，以大湯匙取適量的2逐次且輕輕放入油裡。油炸2分鐘，上下翻面後再炸2分鐘。炸至金黃酥脆後取出並瀝油。盛裝於器皿中，一旁撒些鹽供沾取享用。

主菜 雞肉＋青花菜

用平底鍋燜煮，快速完成！

蒜香美乃滋雞肉青花菜沙拉

超短時 約10Min

材料（2人份）

雞胸肉…………1片（約250g）
青花菜……………………1小株
清酒………………………1大匙
太白粉……………1～1又½大匙
水…………………………2大匙
A ┌ 美乃滋……………………3大匙
　├ 芝麻油……………………1大匙
　└ 蒜泥（管裝）………1～2cm分量

製作方法

1. 雞肉斜切成一口大小，撒些清酒和太白粉。青花菜分切成小瓣，菜梗也切成容易入口的大小。

2. 將步驟1的食材倒入平底鍋裡混合在一起，以繞圈方式加水。蓋上鍋蓋並以中小火燜煮5分鐘，盛裝於器皿中，最後澆淋混拌均勻的A食材。

POINT 家裡若有新鮮大蒜，建議磨成泥使用。

芝麻油香煎，最後澆淋蠔油！

香煎雞翅青花菜

超短時 約10Min ｜ 可冷藏保存 約1～2天

材料（2人份）

雞翅中段…………………8隻
青花菜……………………1小株
芝麻油……………………1大匙
薑泥（管裝）…………2cm分量
A ┌ 蠔油・清酒……………各1大匙
　└ 砂糖……………………1小匙

製作方法

1. 青花菜分切成小瓣。將A食材混拌均勻備用。

2. 平底鍋裡倒入芝麻油，以中火加熱，將雞肉兩面煎至金黃色。倒入薑泥和青花菜，蓋上鍋蓋並轉為中小火燜煮5～6分鐘。澆淋A食材並快速拌勻。

主菜 雞肉＋高麗菜

奶油搭配醬油保證美味可口！

雞肉高麗菜佐奶油醬油

超短時 約10Min

材料（2人份）
雞腿肉 ………… 1片（250～300g）
高麗菜 ……………………… 3大片
沙拉油 ……………………… 1/2大匙
奶油 ………………………… 1又1/2大匙
鹽・胡椒 …………………… 各少許
醬油 ………………………… 1大匙

製作方法

1 高麗菜切大塊且容易入口的大小。用叉子在雞肉上戳洞並切成容易入口的大小，抹些鹽巴和胡椒。

2 平底鍋裡倒入沙拉油，以中火加熱，放入雞肉煎至兩面上色且略微酥脆。放入高麗菜後蓋上鍋蓋，轉為中小火燜煮6分鐘左右。

3 轉為大火，在步驟2的食材中加入奶油，然後以繞圈方式倒入醬油。

一口感濕潤的高麗菜非常好吃！

搭配 ＋ Cabbage

主菜 雞肉＋高麗菜

／太白粉提升了美味新高度！＼

受眾人喜愛的甜味噌鐵板菜餚

味噌炒雞肉高麗菜

超短時 約10Min

材料（2人份）

雞胸肉	1小片（200〜250g）
高麗菜	3大片
鴻喜菇	1/2袋
沙拉油	1大匙
清酒・太白粉	各1大匙
A ┌ 清酒	3大匙
├ 砂糖	1又1/2大匙
└ 醬油・味噌	各1又1/3大匙

製作方法

1. 雞肉斜切成一口大小，以清酒和太白粉搓揉入味。高麗菜去芯切成一口大小。切掉鴻喜菇底部並撥散。將A食材混拌均勻備用。

2. 平底鍋裡倒入沙拉油，以中火加熱煸炒雞肉。雞肉上色後蓋上鍋蓋，轉為小火燜煮3分鐘。倒入高麗菜和鴻喜菇拌炒在一起，轉為大火並澆淋再次拌勻的A食材，快速翻炒一下即可上桌。

POINT 依味噌的味道增減砂糖使用量。

主菜 雞肉＋高麗菜

清爽可口又簡單快速！

用高麗菜包捲切塊雞肉

迷你高麗菜捲

可冷藏保存 約2～3天

材料（2人份）

雞胸肉 ……………… ½大片（約150g）
高麗菜 ……………… 4大片（約300g）
番茄 ………………… 1大顆（約200g）

A ┌ 太白粉 …………………… 1大匙
　├ 鹽 ……………………… ¼小匙
　└ 胡椒 …………………… 少許

B ┌ 清酒 …………………… 1大匙
　└ 顆粒高湯粉 …………… ½小匙

C ┌ 番茄醬 ………………… 1大匙
　└ 鹽・胡椒・砂糖 ……… 各少許

製作方法

1. 高麗菜去芯後縱向對半切開，放入耐熱攪拌盆中，覆蓋保鮮膜並放入微波爐（600W）中加熱5分鐘，加熱至高麗菜變軟。番茄切成一口大小的滾刀塊。稍微敲碎雞肉，添加 A 食材混拌均勻。

2. 取1片步驟 1 的高麗菜將⅛分量的雞肉包捲起來。其餘的高麗菜和雞肉也是同樣作法。

3. 將步驟 2 的食材排列在平底鍋裡，加入番茄和 B 食材後蓋上鍋蓋，燜煮10分鐘左右。最後以 C 食材調整味道。

49

主菜 雞肉＋高麗菜

大量蔬菜，健康滿分
簡易德式酸菜雞肉

短時 約15Min　可冷藏保存 約2～3天

材料（2人份）
雞胸肉……1小片（200～250g）
高麗菜……………………4大片
紅蘿蔔……………………1/2中根
清酒………………………1大匙
鹽…………………………少許
A ┌ 醋……………………1/3杯
　├ 水……………………1/4杯
　├ 砂糖…………………1/2大匙
　└ 顆粒高湯粉・鹽………各1/2小匙
顆粒芥末醬（家裡有的話）
　………………………………1小匙

製作方法
1. 高麗菜去芯，切成粗絲狀。紅蘿蔔切絲。
2. 雞肉斜切成略大的塊狀後再切成細絲，以清酒和鹽調味。
3. 將A食材放入鍋裡煮沸，加入步驟1和2的食材，以中小火烹煮5～6分鐘後關火。家裡若有顆粒芥末醬，可以添加1小匙混拌均勻。

POINT ▶ 將高麗菜切成粗絲狀，不僅容易入味，也比較有咬感。

收尾的芝麻讓味道更濃郁
芝麻醬煮雞肉高麗菜

超短時 約10Min　可冷藏保存 約2～3天

材料（2人份）
雞腿肉（唐揚炸雞用）……6塊
高麗菜……………………3大片
高湯………………………2/3杯
A ┌ 清酒・砂糖・醬油……各1大匙
　└ 白芝麻粉………………1又1/2大匙

製作方法
1. 高麗菜切塊狀。
2. 鍋裡倒入高湯和雞肉，以中火加熱，煮沸後轉為中小火，繼續烹煮4～5分鐘。加入高麗菜和A食材後蓋上鍋蓋，轉為中大火燜煮3分鐘左右。
3. 添加芝麻，搖晃鍋子讓芝麻粉和食材充分融合在一起。

主菜 雞肉＋紅蘿蔔

添加剩餘蔬菜，增加分量感！

搭配 ＋ Carrot

照燒風味和紅蘿蔔是絕配！
芝麻照燒雞腿

短時 約15Min ｜ 可冷藏保存 約1～2天

材料（2人份）
雞腿肉…………………1大片（300～350g）
紅蘿蔔…………………………… 1/2 中根
沙拉油………………………………… 1大匙
低筋麵粉………………………………… 適量
A［醬油・味醂・砂糖］………… 各2大匙
白芝麻粉………………………………… 少許

製作方法

1. 將雞肉切成8等分，輕輕抹上一層薄薄的低筋麵粉。紅蘿蔔切成薄圓片。將 A 食材混拌均勻備用。

2. 平底鍋裡倒入沙拉油，以中火加熱，雞皮先下鍋煎。雞肉上色後上下翻面並放入紅蘿蔔。蓋上鍋蓋，轉為中小火燜煮7分鐘左右。

3. 轉為中火並倒入 A 食材。偶爾搖晃一下平底鍋，讓食材充分裹上醬汁。盛裝於器皿中並撒些芝麻就完成了。

主菜 雞肉＋紅蘿蔔

滾刀塊紅蘿蔔鮮甜美味
簡單乾炒雞肉

短時 約15Min ／ 可冷藏保存 約2～3天

材料（2人份）
雞腿肉 …… 1片（200～250g）
紅蘿蔔 …………………… 1小根
沙拉油 …………………… ½大匙
太白粉 …………………… 1大匙
清酒 ……………………… ½大匙
A ┌ 水 ………………………… 1杯
　├ 醬油 …………………… 2大匙
　├ 清酒・味醂 …………… 1大匙
　└ 砂糖 …………………… ½大匙

製作方法
1. 雞肉斜切成一口大小，塗抹清酒和太白粉。紅蘿蔔切成小一點的滾刀塊。
2. 鍋裡倒入沙拉油炒雞肉，接著放入紅蘿蔔一起炒，添加A食材後蓋上鍋蓋，以中小火燜煮7～8分鐘。

雞肉和紅蘿蔔一起微波加熱
檸檬風味雞肉沙拉

超短時 約10Min ／ 可冷藏保存 約2～3天

材料（2人份）
雞腿肉 …… 1片（250～300g）
紅蘿蔔 ………… 1中根（約150g）
鹽・胡椒 ………………… 各少許
A ┌ 檸檬汁 ………………… 3大匙
　├ 美乃滋 ………………… 1大匙
　├ 橄欖油 ………………… ½大匙
　└ 砂糖 …………………… 2小匙

製作方法
1. 雞肉切成3cm塊狀，稍微多撒一些鹽和胡椒。紅蘿蔔切成粗絲狀。將A食材混合在一起備用。
2. 將雞肉和紅蘿蔔放入耐熱攪拌盆中，鬆鬆地覆蓋保鮮膜，放入微波爐（600W）加熱4分鐘。靜置放涼，稍微冷卻後澆淋A食材。

POINT 靜置時不要掀開保鮮膜，利用餘熱加熱雞肉，雞肉的口感會更軟嫩。

主菜 雞肉 + 紅蘿蔔

起司香氣撲鼻。也適合作為便當配菜

義式起司雞肉紅蘿蔔

短時 約15Min ｜ 可冷藏保存 約1～2天

材料（2人份）
雞胸肉 …………… 1片（約250g）
紅蘿蔔 …………………… ½中根
沙拉油 …………………… 1大匙
鹽・胡椒 ………………… 各少許
低筋麵粉 ………………… 適量
A ┌ 蛋液 …………………… 1顆分量
　└ 起司粉 …………… 1又½大匙
粗研磨黑胡椒 …………… 少許

POINT 可以依個人喜好添加番茄醬。

製作方法

1. 紅蘿蔔切成略短的細絲，與 A 食材混拌在一起。雞肉斜切成大塊，均勻塗抹鹽和胡椒，再沾上薄薄一層低筋麵粉。

2. 平底鍋裡倒入沙拉油，以中火加熱，雞肉沾裹 A 食材後再放入鍋裡，接著將紅蘿蔔絲鋪在雞肉上面，兩面煎熟約5～6分鐘。蓋上鍋蓋，轉為中小火燜煮2～3分鐘。盛裝於器皿中，撒些黑胡椒就完成了。

大量雞肉，飽足感十足的一道菜餚

韓式涼拌雞肉紅蘿蔔

超短時 約10Min ｜ 可冷藏保存 約2～3天

材料（2人份）
雞胸肉 …… 1小片（200～250g）
紅蘿蔔 ………… 1中根（約150g）
清酒 …………………… ½大匙
A ┌ 白芝麻粉・芝麻油
　│ ………………………… 各2大匙
　│ 蒜泥（管裝） …… 2cm分量
　└ 鹽 …………………… ⅔小匙

製作方法

1. 雞肉斜切成一口大小，用清酒搓揉入味。紅蘿蔔切成略細的條狀。將 A 食材混拌均勻備用。

2. 將雞肉和紅蘿蔔放入耐熱攪拌盆中拌勻，鬆鬆地覆蓋保鮮膜，放入微波爐（600W）中加熱4分鐘。靜置到稍微冷卻後，倒入 A 食材拌合均勻。

53

主菜 雞肉＋洋蔥

用少量油煎炸，簡單又快速！

搭配 + Onion

當配菜或下酒菜都非常適合！
香辣洋蔥醬炸雞翅

短時 約15Min　可冷藏保存 約1～2天

材料（2人份）

雞翅中段	8隻
洋蔥	1/2顆
炸物用油	3～4大匙
鹽・胡椒	各少許
低筋麵粉	適量
A 醋	2大匙
白高湯	1又1/2大匙
芝麻油	1/2大匙
砂糖・純辣椒粉	各1/2小匙

製作方法

1. 洋蔥切薄片，用1/3小匙的鹽搓揉，浸泡於水裡5分鐘左右，以篩網取出並瀝乾。添加A食材混合均勻。

2. 在雞肉上塗抹少許鹽和胡椒，然後抹上薄薄一層低筋麵粉。平底鍋裡倒入炸物用油加熱，煎炸雞肉3～4分鐘，煎炸過程中上下翻面。瀝乾油後盛裝於器皿中，然後澆淋步驟1的食材。

POINT▶ 洋蔥盡量切薄一點，這樣才容易附著在雞肉上，不僅容易入口，味道也更鮮甜。

主菜 雞肉＋洋蔥

撲鼻大蒜香。簡單微波加熱牛奶燉雞
喬治亞風燉雞

超短時 約10Min ／ 可冷藏保存 約1～2天

材料（2人份）
雞腿肉（唐揚炸雞用）……250g
洋蔥…………………1/2顆（約100g）
馬鈴薯………1中顆（約120g）
鹽……………………………少許
蒜泥（管裝）………5～6cm分量
低筋麵粉……………1又1/2大匙
A ┌ 水………………………1/4杯
　├ 清酒……………………1大匙
　└ 顆粒高湯粉…………1/2小匙
牛奶……………………………1/3杯
奶油……………………………1大匙

製作方法
1. 稍微多撒一些鹽在雞肉上，加入大蒜和低筋麵粉一起揉搓。洋蔥切成4等分瓣狀，一片片剝開備用。馬鈴薯切成6～7mm厚度的扇狀。
2. 將步驟1的食材倒入耐熱攪拌盆中攪拌一下，然後倒入A食材混拌均勻。鬆鬆地覆蓋保鮮膜，放入微波爐（600W）中加熱5分鐘。倒入牛奶後，重新覆蓋保鮮膜再加熱2分鐘。趁熱放入奶油拌勻即可上桌。

大塊洋蔥的美味堪稱主角等級
泥窯烤爐風燉雞

超短時 約15Min ／ 可冷藏保存 約1～2天

材料（2人份）
雞腿肉（唐揚炸雞用）……250g
洋蔥………………………………1顆
沙拉油………………………1/2大匙
鹽……………………………………少許
A ┌ 原味優格（無糖）……1/3杯
　├ 番茄醬…………………1/2大匙
　├ 咖哩粉…………………1小匙
　├ 鹽………………………1/3小匙
　└ 蒜泥（管裝）
　　　　　　　……4～5cm分量

製作方法
1. 洋蔥切成4等分瓣狀，稍微剝開備用。將A食材充分混拌均勻。在雞肉上撒鹽。
2. 平底鍋裡倒入沙拉油，以中火加熱煎雞肉，煎4分鐘左右讓兩面上色。加入洋蔥並以繞圈方式澆淋A食材，蓋上鍋蓋以中小火燜煮5～6分鐘。

55

主菜 雞肉＋洋蔥

添加太白粉的雞肉口感嫩滑順口

辣炒雞肉洋蔥

超短時 約10Min

材料（2人份）

雞胸肉	1小片（200～250g）
洋蔥	1/2顆
金針菇	1袋
芝麻油	1/2大匙
清酒	1/2大匙
太白粉	1大匙
A 清酒	1大匙
A 豆瓣醬	1/2小匙
A 鹽・顆粒雞湯粉	各1/3小匙

製作方法

1. 雞肉切成一口大小，以清酒揉搓入味，裹上薄薄一層太白粉。洋蔥切成6等分，1片片剝開。切除金針菇底部並切成3等分。將A食材混拌均勻備用。

2. 平底鍋裡倒入芝麻油，以中火加熱，將雞肉兩面煎至上色，約3～4分鐘。加入洋蔥後蓋上鍋蓋，轉為小火燜煮2分鐘左右。將火候轉大並放入金針菇和A食材，快速拌炒一下。

酸辣泰式冬粉沙拉。微波加熱即可

泰式溫拌冬粉

超短時 約10Min ／ 可冷藏保存 約2～3天

材料（2人份）

雞胸肉	1小片（200～250g）
洋蔥	1/2顆（約100g）
冬粉（短版）	40g
鹽	1/4小匙
清酒	1/2大匙
檸檬汁	2又1/2大匙
A 魚露	1又1/2大匙
A 砂糖	1/2大匙
A 醬油	2小匙
A 紅辣椒（切小塊）	1根分量

製作方法

1. 雞肉斜切成容易入口的大小，用鹽和清酒揉搓入味。洋蔥切成薄片，撒上少許鹽（分量外）搓揉後，泡在水裡2～3分鐘，然後捏乾。用熱水泡開冬粉，然後充分瀝乾。

2. 將雞肉置於耐熱盤子裡並鬆鬆地覆蓋保鮮膜，放入微波爐（600W）中加熱3分鐘。不掀開保鮮膜，靜置一旁放涼。

3. 將A食材放入大攪拌盆中混拌均勻，倒入步驟2的食材、洋蔥和冬粉拌合均勻。

主菜 雞肉＋馬鈴薯

搭配 ＋ Potato

搭配沙拉和麵包就是一頓美味西餐！

BBQ口味的雞肉和馬鈴薯是最佳拍檔

雞肉馬鈴薯的BBQ燒烤

可冷藏保存 約1～2天

材料（2人份）
雞腿肉	1片（250～300g）
馬鈴薯	2中顆
沙拉油	1小匙
低筋麵粉	適量
鹽・胡椒	各少許
A 番茄醬	3大匙
中濃醬	2大匙
蜂蜜	1/2大匙

製作方法

1. 用叉子在雞皮上戳幾個洞，並且裹上薄薄一層低筋麵粉。將A食材混拌均勻備用。馬鈴薯的外皮清洗乾淨，不削皮直接切成7～8mm厚度的圓片狀。

2. 平底鍋裡倒入沙拉油，加熱前先將雞皮朝下放入鍋裡，再將馬鈴薯片擺在空隙處。以中火煎3分鐘左右，雞肉上色後翻面，馬鈴薯片也要上下翻面。蓋上鍋蓋後轉為中小火，燜煮8～9分鐘。先取出馬鈴薯，撒上適量的鹽和胡椒。

3. 用廚房紙巾吸取鍋內多餘的油，轉為大火後澆淋A食材。輕輕搖晃平底鍋，讓雞肉均勻裹上醬汁。雞肉切塊後盛盤，旁邊擺放馬鈴薯片。

主菜 雞肉＋馬鈴薯

最後淋上檸檬汁，增添清爽口感
雞肉馬鈴薯佐檸檬醬油

短時 約15Min ｜ 可冷藏保存 約1～2天

材料（2人份）
雞胸肉⋯⋯1小片（200～250g）
馬鈴薯⋯⋯⋯⋯⋯⋯⋯⋯⋯2中顆
清酒⋯⋯⋯⋯⋯⋯⋯⋯⋯1/2大匙
太白粉⋯⋯⋯⋯⋯⋯⋯⋯1/2大匙
A ┌ 水⋯⋯⋯⋯⋯⋯⋯⋯⋯⋯2/3杯
　 └ 砂糖・醬油⋯⋯⋯⋯⋯各1大匙
檸檬汁⋯⋯⋯⋯⋯⋯⋯⋯⋯1大匙

製作方法
1. 馬鈴薯削皮後切成1cm厚度的半月形，浸泡在水裡2～3分鐘。雞肉斜切成一口大小，用清酒和太白粉搓揉均勻。
2. 將步驟1的食材排放在平底鍋裡，然後倒入A食材後以大火加熱。沸騰後轉為中小火，蓋上鍋蓋燜煮7～8分鐘。最後繞圈淋上檸檬汁並立即關火。

馬鈴薯切小塊，熟得更快！
韓式泡菜雞翅

短時 約15Min ｜ 可冷藏保存 約2～3天

材料（2人份）
雞翅中段⋯⋯⋯⋯⋯⋯⋯⋯6隻
馬鈴薯⋯⋯⋯⋯⋯⋯⋯⋯⋯2中顆
韓式泡菜⋯⋯⋯⋯⋯⋯⋯⋯80g
芝麻油⋯⋯⋯⋯⋯⋯⋯⋯⋯1大匙
A ┌ 水⋯⋯⋯⋯⋯⋯⋯⋯⋯⋯2/3杯
　 │ 清酒⋯⋯⋯⋯⋯⋯⋯⋯⋯1大匙
　 │ 醬油⋯⋯⋯⋯⋯⋯⋯⋯⋯⋯少許
　 │ 顆粒雞湯粉⋯⋯⋯⋯⋯1/3小匙
　 └ 鹽⋯⋯⋯⋯⋯⋯⋯⋯⋯⋯少許
蒜泥・薑泥（各管裝）
　⋯⋯⋯⋯⋯⋯⋯⋯各4～5cm分量

製作方法
1. 馬鈴薯削皮後切成1cm厚度的半月形或扇形。韓式泡菜切成容易入口的大小。
2. 鍋裡倒入芝麻油，以中火加熱並放入雞肉，煎2～3分鐘後放入馬鈴薯拌炒在一起。接著倒入泡菜，稍微炒一下後倒入A食材。放入蒜泥和薑泥後拌炒一下並蓋上鍋蓋，轉為小火燜煮6～7分鐘。掀開鍋蓋後再烹煮1～2分鐘收汁。

主菜 雞肉＋馬鈴薯

用番茄醬和豆瓣醬簡單製作辣醬

辣醬雞

短時 約15Min　可冷藏保存 約1～2天

材料（2人份）

雞腿肉	1小片（200～250g）
馬鈴薯	2中顆
青花菜	5～6小瓣
芝麻油	1大匙
清酒	1/2大匙
太白粉	1大匙

A
水	1/4杯
番茄醬	2又1/2大匙
清酒	1大匙
砂糖	1/2大匙
太白粉	1小匙
豆瓣醬	1/2～1小匙
顆粒雞湯粉	1/2小匙

製作方法

1. 雞肉切成一口大小，用清酒和太白粉揉搓均勻。馬鈴薯削皮後切成5～6mm厚度扇形，稍微泡一下水後瀝乾。將 A 食材混合均勻備用。

2. 平底鍋裡倒入芝麻油，以小火加熱煎雞肉2～3分鐘。放入馬鈴薯和青花菜炒在一起，蓋上鍋蓋並以小火燜煮4～5分鐘。再次拌勻 A 食材後倒入鍋裡，邊煮邊攪拌2分鐘。

夾在吐司或法國長棍麵包裡也十分美味！

酥脆麵包粉雞肉沙拉

短時 約15Min

材料（2人份）

雞胸肉	1小片（200～250g）
馬鈴薯	2中顆（約240g）
全熟水煮蛋	1～2顆
麵包粉	1/2杯
奶油	2大匙
清酒	1/2大匙
鹽・胡椒	各少許
美乃滋	3又1/2大匙

製作方法

1. 雞肉切成2.5cm塊狀，用清酒調味。馬鈴薯外皮清洗乾淨，連皮切成2cm塊狀，稍微泡一下水並瀝乾。將雞肉和馬鈴薯均勻放入耐熱攪拌盆中，鬆鬆地覆蓋保鮮膜，放入微波爐（600W）中加熱6分鐘。不掀開保鮮膜，靜置一旁放涼。

2. 將奶油放入平底鍋裡，以小火加熱融化，同樣以小火拌炒麵包粉，撒些鹽和胡椒，小心不要炒到焦黑。

3. 將步驟 1 的食材瀝乾，倒入美乃滋攪拌均勻，然後放入切粗粒的水煮蛋混拌在一起。食用前添加步驟 2 的食材，盛裝在盤子裡即可上桌。

59

主菜 雞肉 ＋ 豆芽菜

搭配 ＋ Bean sprouts

牛奶搭配太白粉，簡單又美味！

小孩和大人都喜愛的好滋味！
中式奶油燉雞肉豆芽菜

超短時 約10Min

材料（2人份）

雞腿肉（唐揚炸雞用）……………8塊
豆芽菜……………………………1袋
沙拉油………………………………½大匙
鹽・胡椒・太白粉………………各適量

A
├ 牛奶………………………………⅓杯
├ 清酒………………………………½大匙
├ 顆粒雞湯粉………………………1小匙
├ 太白粉……………………………½小匙
├ 鹽…………………………………⅓小匙
└ 胡椒…………………………………少許

製作方法

1 雞肉上多撒一些鹽和胡椒，然後裹上一層薄薄的低筋麵粉。將 A 食材混拌均勻備用。

2 平底鍋裡倒入沙拉油，以中火加熱，放入雞肉快速將兩面煎至上色。雞肉上色後放入豆芽菜，蓋上鍋蓋燜煮2分鐘。

3 再次充分攪拌 A 食材，拌勻後倒入鍋裡。拌炒2～3分鐘至濃稠後關火。

主菜 雞肉 ＋ 豆芽菜

將雞肉捲起來，微波加熱就完成了！

豆芽菜雞肉捲

短時 約15Min ｜ 可冷藏保存 約2〜3天

材料（容易製作的分量）
雞胸肉 ……1大片（300〜350g）
豆芽菜 ……………1/2袋（100g）
A ┌ 白芝麻粉 …………… 1大匙
  │ 芝麻油 …………… 1/2大匙
  │ 韓式辣椒醬・醬油・醋
  │ ………………… 各1小匙
  └ 砂糖 …………… 1/2小匙

POINT 靜置時不要掀開保鮮膜，利用餘溫加熱雞肉，雞肉的口感會更軟嫩。

製作方法

1. 將 A 食材混拌均勻備用。

2. 去除雞肉多餘的油脂，將比較厚的部分稍微切開，讓一整片雞肉盡量厚薄一致。取一張長約40cm的保鮮膜，縱向擺放，然後以雞肉皮朝下的方式放在保鮮膜上。接著將豆芽菜鋪在雞肉上，從靠近自己的這一端開始用力將雞肉捲起來，再用保鮮膜稍微用力包緊。

3. 將 2 擺在略大的耐熱盤子上，放入微波爐（600W）中加熱6〜7分鐘。不掀開保鮮膜靜置一旁直到完全冷卻。放涼後分切成1.5cm寬的片狀並盛裝於盤子上，最後澆淋 A 食材。

清爽食材最適合搭配紫蘇的香氣

紫蘇拌炒雞肉豆芽菜

短時 約15Min

材料（2人份）
雞胸肉 ……………1片（約250g）
豆芽菜 …………………… 1袋
沙拉油 …………………… 1大匙
清酒・太白粉・紫蘇粉
　………………………… 各1大匙
芝麻油 …………………… 少許

製作方法

1. 雞肉斜切成薄片，再切成4〜5cm長條狀，用清酒和太白粉搓揉均勻。

2. 平底鍋裡倒入沙拉油，以中火加熱煎雞肉。雞肉上色後蓋上鍋蓋燜煮2〜3分鐘。放入豆芽菜拌炒1〜2分鐘，稍微將火候轉大並撒入紫蘇粉，快速拌炒均勻。最後淋上芝麻油即可上桌。

主菜 雞肉 + 豆芽菜

充滿魚露美味的越式歐姆蛋
蛋包雞肉豆芽菜

短時 約15Min

材料（2人份）

雞胸肉	1片（約250g）
豆芽菜	1/2袋
雞蛋	2顆
沙拉油	1/2大匙
鹽・胡椒	各少許
A 水	2大匙
魚露	1大匙
砂糖	2/3大匙
醋	1/2大匙
檸檬汁	1/2小匙

製作方法

1. 將雞肉切成1cm條狀。將雞蛋打入攪拌盆中，倒入鹽和胡椒拌勻。

2. 平底鍋裡倒入一半分量的沙拉油，以大火加熱，香煎雞肉至上色，蓋上鍋蓋燜煮1～2分鐘。放入豆芽菜拌炒一下後取出備用。

3. 鍋裡倒入剩餘的沙拉油，然後倒入步驟1的蛋液鋪勻。蓋上鍋蓋，轉為小火燜煮2分鐘。蛋液幾乎凝固後關火，將步驟2的食材擺在蛋皮的半側邊，接著將蛋皮對折包住內餡。盛裝在盤子上，最後澆淋混拌均勻的A食材即可上桌。

雞肉高湯增添鮮美味道
越式燉煮雞肉豆芽菜

超短時 約10Min

材料（2人份）

雞胸肉	1小片（200～250g）
豆芽菜	1袋
清酒	1大匙
太白粉	1/2大匙
水	2/3杯
A 魚露・檸檬汁	各1大匙
顆粒雞湯粉	1小匙
鹽	1/3小匙
芝麻油	少許

製作方法

1. 雞肉斜切成容易入口的大小，用清酒和太白粉揉搓均勻。

2. 鍋裡倒入2/3杯的水和雞肉，以中火煮沸後再繼續烹煮2分鐘左右，然後倒入A食材。接著放入豆芽菜，再烹煮2～3分鐘即可上桌。

主菜 雞肉＋蕈菇

滿滿蕈菇，充足攝取膳食纖維！

＋ Mushroom 搭配

以豆瓣醬增添辛辣味。依個人喜好增減添加

蠔油炒雞翅蕈菇

超短時 約10Min　可冷藏保存 約1～2天

材料（2人份）

雞翅中段‥‥‥‥‥‥‥‥‥‥‥8支
金針菇‥‥‥‥‥‥‥‥‥‥‥‥1袋
鴻喜菇‥‥‥‥‥‥‥‥‥‥‥‥1盒
芝麻油‥‥‥‥‥‥‥‥‥‥‥1大匙

A ┌ 水‥‥‥‥‥‥‥‥‥‥‥1/3杯
　│ 清酒・蠔油‥‥‥‥‥‥各1大匙
　│ 砂糖‥‥‥‥‥‥‥‥‥2/3大匙
　│ 醬油‥‥‥‥‥‥‥‥‥1/2大匙
　└ 豆瓣醬‥‥‥‥‥‥1/3～1/2小匙

製作方法

1 切掉金針菇底部，然後切成3等分並剝開。鴻喜菇也是同樣切除底部後剝開。

2 平底鍋裡倒入芝麻油，以中火加熱將雞肉兩面煎至上色。雞肉上色後蓋上鍋蓋，轉為小火燜煮3分鐘。放入步驟1的食材拌炒，接著倒入 A 食材炒至收汁。

主菜 雞肉＋蕈菇

可以搭配法國長棍麵包，也適合作為下酒菜

西班牙橄欖油蒜味雞

短時 約15Min

材料（2人份）

雞胸肉 …… 1/2大片（約150g）
舞菇 …………………………… 1盒
青花菜 ……………………… 1/4株
鹽・胡椒 …………………… 各少許
A ┌ 橄欖油 ……………………… 1/2杯
　│ 紅辣椒（切小塊）
　│ …………………… 1/2～1根分量
　└ 蒜泥（管裝） …… 4cm分量

製作方法

1. 雞肉切成略小的一口大小，多撒一些鹽和胡椒調味。青花菜分切成小瓣。舞菇撥開成小朵備用。

2. 取一只小鍋或鑄鐵平底鍋，放入 A 食材以小火加熱，然後立刻倒入步驟 1 的食材。雞肉熟了之後，可以邊煮邊享用（或者關火移至桌上）。

POINT 也可以使用金針菇、蘑菇取代舞菇。

鮮甜濃郁的舞菇醬十分美味！

雞肉捲佐舞菇醬

短時 約15Min ／ 可冷藏保存 約1～2天

材料（2人份）

雞腿肉 ……… 1片（250～300g）
舞菇 ………………… 1盒（100g）
鹽・胡椒 …………………… 各少許
A ┌ 蒜泥・薑泥（各管裝）
　│ ………………… 各4～5cm分量
　│ 醋 ………………………… 2又1/2大匙
　│ 醬油 ……………………… 1又1/2大匙
　└ 砂糖 ………………………… 1/3大匙
白芝麻粉 …………………… 少許

製作方法

1. 將雞肉較厚的部位劃開，盡量攤開成一整片。

2. 取40cm長的保鮮膜鋪在桌上，然後將雞肉以雞皮朝上的方式放在保鮮膜上，輕輕撒些鹽和胡椒，然後從一端將雞肉捲起來。用保鮮膜稍微用力包緊。

3. 舞菇切小朵後放入耐熱攪拌盆中，鬆鬆地覆蓋保鮮膜，放入微波爐（600W）中加熱1分鐘，然後和 A 食材攪拌在一起。

4. 將步驟 2 的雞肉置於耐熱盤子上，放入微波爐（600W）中加熱6分鐘。不掀開保鮮膜，靜置一旁冷卻，待完全降溫後分切成1cm寬的片狀。盛裝於盤子裡，淋上 3 後再撒些芝麻即可上桌。

主菜 雞肉＋蕈菇

家裡有的話，新鮮檸檬汁最好！

檸檬奶油醬煮雞肉蕈菇

短時 約15Min

材料（2人份）

雞胸肉 ……………… 1片（約250g）
金針菇 ……………………………… 1袋
紅蘿蔔 …………………………… 1/3中根
橄欖油 …………………………… 1大匙
低筋麵粉 ………………………… 2大匙
水 ………………………………… 1/2杯
牛奶 ……………………………… 1/3杯
顆粒高湯粉 ……………………… 1/2小匙
鹽 ………………………………… 1/3小匙
檸檬汁 …………………………… 2小匙
A ┌ 清酒 ………………………… 1/2大匙
　└ 鹽・胡椒 ………………… 各少許
粗研磨黑胡椒 …………………… 少許

製作方法

1. 雞肉斜切成薄片，用A食材搓揉均勻備用。紅蘿蔔切絲，切掉金針菇底部後對半切開。

2. 平底鍋裡倒入橄欖油，以中火加熱拌炒紅蘿蔔和金針菇。食材稍微變軟後，倒入低筋麵粉拌炒，炒至看不見粉末狀後倒入水和顆粒高湯粉充分攪拌均勻。轉為中小火並放入雞肉，注意不要讓雞肉疊在一起，烹煮4分鐘的過程中將雞肉上下翻面。

3. 倒入牛奶混拌均勻，變濃稠後以鹽調整味道。以繞圈方式注入檸檬汁，稍微拌炒一下即關火。盛裝於器皿中，最後撒些黑胡椒即可上桌。

萃取鮮甜美味的簡單食譜

鹽煮雞肉蕈菇

短時 約15Min　可冷藏保存 約2～3天

材料（2人份）

雞翅中段 ………………………… 8支
舞菇 ……………………………… 1盒
金針菇 …………………………… 1袋
冬粉（短版）…………………… 30g
鹽・胡椒 ……………………… 各適量
A ┌ 水 ………………………… 2杯
　│ 清酒 ……………………… 1/2大匙
　└ 顆粒雞湯粉 …………… 1/3小匙

製作方法

1. 雞肉上撒些鹽和胡椒。將舞菇撥散，切除金針菇底部後切成3等分並撥散。

2. 鍋裡放入雞肉和A食材加熱，煮沸後撈除浮渣，繼續烹煮7～8分鐘。放入舞菇、金針菇和冬粉，以1/3小匙的鹽和胡椒調味，再烹煮2～3分鐘即可上桌。

絞肉

以豬絞肉・雞絞肉・綜合絞肉製作人氣家常菜！

絞肉搭配芝麻風味的番茄美乃滋是最佳組合！

漢堡排佐番茄美乃滋

可冷藏保存約1～2天

材料（2人份）

綜合絞肉	200g
番茄	1大顆
洋蔥	1/4顆
沙拉油	1/2大匙

A
- 麵包粉 …… 1/4杯
- 牛奶 …… 2大匙
- 鹽・胡椒 …… 各少許

B
- 美乃滋 …… 1又1/2大匙
- 白芝麻粉 …… 1大匙
- 橄欖油 …… 1/2大匙

製作方法

1. 洋蔥切末，番茄切成1.5cm丁狀，然後和 **B** 食材混合製作成醬汁。

2. 將絞肉和 **A** 食材放入攪拌盆中攪拌，加入洋蔥後充分拌勻。一次取1/2分量捏成橢圓形。

3. 平底鍋裡倒入沙拉油，以中火加熱，放入步驟 **2** 的食材後轉為中小火煎1分鐘，上下翻面後蓋上鍋蓋，轉為小火燜煮8分鐘左右。盛裝於器皿中，澆淋步驟 **1** 的醬汁後即可上桌。

既能攝取蔬菜又能「咀嚼」的醬汁

搭配 + Tomato

主菜 絞肉＋番茄

以番茄醬打造菜餚的美味基底！

微波加熱也能打造宛如慢火燉煮的美味佳餚！

燴飯風燉番茄

超短時 約10Min｜可冷藏保存 約2～3天

材料（2人份）

綜合絞肉	150g
番茄	1大顆（約200g）
洋蔥	1/2顆（約100g）
低筋麵粉	1大匙
A ┌ 番茄醬	2又1/2大匙
｜ 中濃醬汁	1又1/2大匙
｜ 清酒	1大匙
｜ 鹽・砂糖	各1/3小匙
└ 顆粒高湯粉	1/2小匙

製作方法

1. 番茄切成一口大小，洋蔥切成5mm薄片。A食材混拌均勻備用。

2. 將絞肉、洋蔥放入耐熱容器中，倒入低筋麵粉確實搓揉均勻。放入番茄和A食材，鬆鬆地覆蓋保鮮膜，放入微波爐（600W）中加熱5分鐘。不掀開保鮮膜，靜置2分鐘，然後再充分拌勻。

主菜 絞肉＋番茄

塊狀絞肉，咬感十足

不要將絞肉完全撥散，拌炒成略帶塊狀

麻婆番茄

超短時 約10Min

材料（2人份）
豬絞肉 ……………………………… 150g
番茄 ………………………………… 2小顆
沙拉油 …………………………… 1/2大匙
薑泥・蒜泥（各管裝）……… 各5cm分量
A ┌ 清酒 ………………………… 2大匙
  │ 味噌 ………………………… 1大匙
  │ 醬油 ………………………… 2/3大匙
  │ 太白粉 ……………………… 1小匙
  │ 顆粒雞湯粉 ………………… 1/2小匙
  └ 豆瓣醬 …………………… 1/3～2/3小匙
芝麻油 ……………………………… 少許

製作方法

1. 將番茄切成一口大小的塊狀。豬絞肉和 **A** 食材混拌均勻。

2. 平底鍋裡倒入沙拉油，以中火加熱爆香薑泥和蒜泥。飄出香味後倒入番茄拌炒一下，然後分散放入步驟 **1** 的豬絞肉。蓋上鍋蓋燜煮3～4分鐘。

3. 將火候轉大拌炒，拌炒時稍微將絞肉撥散，最後澆淋芝麻油。

主菜 絞肉＋番茄

燉煮番茄的鮮味是這道菜餚美味的訣竅！

辣肉醬風炒絞肉

超短時 約10Min ｜ 可冷藏保存 約2～3天

材料（2人份）

綜合絞肉……………………150g
番茄…………………………2小顆
水煮大豆……………………100g
橄欖油………………………1/2大匙
蒜泥（管裝）………3～4cm分量
砂糖…………………………少許
A ┌ 番茄醬……………………1大匙
　│ 顆粒高湯粉・咖哩粉・
　└ 　純辣椒粉…………各1/2小匙

製作方法

1. 番茄切小塊。大豆瀝乾備用。
2. 鍋裡倒入橄欖油和蒜泥，以中火拌炒絞肉。絞肉上色後放入番茄一起炒，接著放入大豆和 A 食材烹煮4分鐘左右。最後以砂糖調整味道。

絞肉微波加熱後浸泡在醃漬液裡

檸檬漬豬肉番茄

超短時 約10Min ｜ 可冷藏保存 約2～3天

材料（2人份）

豬絞肉………………………150g
番茄……………1大顆（約200g）
洋蔥……………1/4顆（約50g）
鮪魚罐頭（油漬）
………………………1罐（70g）
鹽……………………………少許
低筋麵粉……………………1大匙
A ┌ 檸檬汁……………………3大匙
　│ 橄欖油……………………2大匙
　│ 砂糖………………………2小匙
　│ 鹽…………………………1/4小匙
　└ 胡椒………………………少許

製作方法

1. 番茄切成薄片瓣狀。洋蔥切薄片，以少許鹽揉搓後浸泡於水裡，然後確實擰乾。
2. 將 A 食材放入攪拌盆中混拌均勻，倒入步驟 1 的食材和瀝乾湯汁的鮪魚罐頭，充分攪拌均勻。
3. 將絞肉放入耐熱容器中，抹上薄薄一層低筋麵粉，鬆鬆地覆蓋保鮮膜，放入微波爐（600W）中加熱3分鐘。取出後立刻稍微撥散，倒入步驟 2 的食材拌合均勻。

POINT 訣竅在於用微波爐加熱絞肉後，不要完全撥散，稍微保留一些塊狀。

69

主菜 絞肉＋青花菜

以番茄醬為基底的調味讓人一吃就上癮

韓式洋釀青花菜絞肉

超短時 約10Min　可冷藏保存 約1～2天

材料（2人份）
- **豬絞肉** … 150g
- **青花菜** … 1/2株
- 芝麻油 … 1大匙
- 清酒 … 2大匙
- A
  - 番茄醬 … 1又1/2大匙
  - 韓式辣椒醬 … 1/2大匙
  - 醬油・蜂蜜・芝麻油 … 各1小匙
  - 蒜泥（管裝）… 4cm分量

製作方法

1 將青花菜分切成小瓣。將 A 食材混拌均勻。

2 平底鍋裡倒入芝麻油，以中火拌炒豬絞肉，絞肉變色後放入青花菜一起炒。倒入清酒後蓋上鍋蓋，以小火燜煮4分鐘。加入 A 食材，拌炒至整體均勻裹上 A 食材。

／依個人喜好增減韓式辣椒醬的用量！／

搭配 ＋ Broccoli

主菜 絞肉＋青花菜

味噌肉醬適合搭配蔬菜或日式冷豆腐！

拌炒過的青花菜，口感更鮮甜！

濃稠味噌肉醬拌炒青花菜

超短時 約10Min ｜ 可冷藏保存 約1～2天

材料（2人份）
- 豬絞肉 …………………………… 100g
- 青花菜 …………………………… 1/2株
- 芝麻油 …………………………… 1大匙
- 蒜泥・薑泥（各管裝） ……… 各5cm分量
- A
  - 水 …………………………… 1/3杯
  - 味噌 ………………………… 1大匙
  - 砂糖 ………………………… 2/3大匙
  - 清酒 ………………………… 1/2大匙
  - 醬油 ………………………… 1小匙
  - 顆粒雞湯粉 ………………… 1/2小匙
- ●太白粉溶液
- 太白粉・水 ……………………… 各1小匙

製作方法

1. 青花菜分切成小瓣。
2. 平底鍋裡倒入一半分量的芝麻油，以中火加熱。採用滾動方式炒青花菜3分鐘左右，然後盛裝於器皿中。
3. 將剩餘的芝麻油倒入平底鍋裡，拌炒豬絞肉、薑泥和蒜泥。絞肉完全上色後，依序倒入 A 食材，再倒入以水拌勻的太白粉混拌均勻。稍微烹煮一下，最後淋在步驟 2 的食材上。

主菜 絞肉＋青花菜

＼ 微辣的咖哩粉讓味道更有層次感 ／

放入平底鍋裡後只要燜煮即可

咖哩風味豬絞肉青花菜

超短時 約10Min ／ 可冷藏保存 約1～2天

材料（2人份）
豬絞肉	150g
青花菜	1/2株
橄欖油	1大匙
鹽	1小匙
咖哩粉	1又1/2小匙
A ┌ 水	2大匙
├ 清酒	1大匙
└ 顆粒高湯粉	1小匙

製作方法

1. 將絞肉和咖哩粉、鹽搓揉在一起。青花菜分切成小瓣。**A**食材混合均勻備用。

2. 平底鍋裡倒入橄欖油，放入青花菜，然後將絞肉分散放入鍋裡。將再次拌勻的**A**食材淋在絞肉上，蓋上鍋蓋，以中小火燜煮2～3分鐘。

POINT 用手指捏起調味好的豬絞肉放入鍋裡，沒有搓揉成圓形也沒關係。

主菜 絞肉＋青花菜

清爽雞絞肉搭配鹽味剛剛好
鹽炒雞絞肉

超短時 約10Min

材料（2人份）
- 雞絞肉 ……………… 150g
- 青花菜 ……………… 1/2株
- 沙拉油 ……………… 1/2大匙
- 水 …………………… 1大匙
- A
  - 水 …………………… 1/3杯
  - 顆粒雞湯粉・太白粉 …… 各1/2小匙
  - 鹽 …………………… 1/4小匙
  - 胡椒 ………………… 少許

製作方式
1. 青花菜分切成小瓣。將A食材混拌均勻。
2. 平底鍋裡倒入沙拉油，以中火加熱，拌炒時不要將絞肉撥散，而是保留大約一口大小的塊狀。絞肉上色後放入青花菜拌炒一下，倒入水後蓋上鍋蓋，轉為小火燜煮3〜3分30秒
3. 青花菜稍微變軟之後，再次拌勻A食材並倒入鍋裡拌炒，呈現濃稠狀後即關火，盛裝於器皿中。

POINT▶ 訣竅在於將絞肉放入鍋裡後，讓其自然煎成塊狀，不要過度翻攪。

以顆粒芥末醬拌炒，香氣四溢
芥末醬炒豬絞肉

超短時 約10Min

材料（2人份）
- 豬絞肉 ……………… 150g
- 青花菜 ……………… 1/2株
- 舞菇 ………………… 1/2盒
- 沙拉油 ……………… 1大匙
- 清酒 ………………… 1大匙
- A
  - 中濃醬汁 …………… 1又1/2大匙
  - 清酒 ………………… 1大匙
  - 顆粒芥末醬 ………… 1/2大匙

製作方法
1. 青花菜盡量分切成小瓣。將舞菇撥開成小朵。A食材混拌均勻備用。
2. 平底鍋裡倒入沙拉油，以中火加熱，拌炒時不要將絞肉全部撥散，而是保留大約一口大小的塊狀。放入青花菜和舞菇稍微炒一下，倒入清酒後蓋上鍋蓋，轉為小火燜煮1〜2分鐘。
3. 澆淋A食材，快速炒一下即可上桌。

主菜 絞肉＋高麗菜

檸檬奶油風味的絞肉搭配高麗菜十分對味

檸檬奶油醬炒高麗菜絞肉

短時 約15Min

材料（2人份）
- 綜合絞肉……………150g
- 高麗菜………………1/4顆
- 沙拉油………………1大匙
- 奶油…………………2大匙
- A ┌ 檸檬汁……………2大匙
  └ 鹽………………1/3小匙

製作方法

1. 將高麗菜分切成2等分瓣狀。

2. 平底鍋裡倒入一半分量的沙拉油，將高麗菜鋪在鍋裡。以中火煎高麗菜至兩面上色後，轉為小火並繼續煎3～4分鐘後盛裝於盤子裡。

3. 將剩餘的沙拉油倒入平底鍋裡，放入絞肉炒至上色且稍微炒散。放入奶油融化後，加入 A 食材一起拌炒，最後盛裝於步驟 2 的高麗菜上。

將高麗菜切大塊一點，增加飽足感！

搭配 ＋ Cabbage

主菜 絞肉＋高麗菜

＼配飯吃讓人食慾大增！／

大人小孩都喜歡的好滋味！
泡菜燉煮豬肉丸子高麗菜

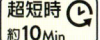

超短時 約10Min ｜ 可冷藏保存 約1～2天

材料（2人份）
豬絞肉	150g
高麗菜	3～4大片
韓式泡菜	80g
芝麻油	1大匙
水	2/3杯
顆粒雞湯粉	1/2小匙
A ┌ 清酒	2大匙
├ 太白粉	1大匙
└ 薑泥（管裝）	3～4cm分量
B ┌ 清酒	1又1/2大匙
└ 醬油	1大匙

製作方法

1. 將絞肉放入攪拌盆中，加入 **A** 食材搓揉均勻。高麗菜切大塊，而泡菜葉如果太大，切成容易入口的大小。

2. 鍋裡倒入芝麻油，以中火加熱，將步驟 **1** 的絞肉捏成一口大小，一顆顆放入鍋裡。加水、顆粒雞湯粉、高麗菜和泡菜，蓋上鍋蓋燜煮2～3分鐘。然後倒入 **B** 食材，繼續烹煮1～2分鐘。

主菜 絞肉＋高麗菜

可以使用其他葉菜類取代高麗菜！

用豆漿烹煮至口感溫潤，再搭配辣油提味！

擔擔麵風豆腐高麗菜

超短時 約10Min

材料（2人份）

豬絞肉 …………………………… 150g
高麗菜 …………………………… 3大片
木綿豆腐 ……………………………… 1/3塊
芝麻油 ………………………………… 1/2大匙
薑泥（管裝） …………………… 4〜5cm分量
A ┌ 白芝麻粉 ………………………… 1又1/2大匙
　├ 醬油 ……………………………… 1大匙
　├ 顆粒雞湯粉 …………………… 1小匙
　└ 清酒 ……………………………… 2大匙
豆漿（無調整） ………………………… 1/2杯
辣油（依個人喜好添加） …………… 1小匙

製作方法

1. 用廚房紙巾包住豆腐，輕輕瀝乾備用。高麗菜切小塊。

2. 平底鍋裡倒入芝麻油，以中火加熱，放入絞肉和薑泥煸炒。絞肉完全上色後，放入高麗菜一起拌炒，倒入 A 食材並蓋上鍋蓋，轉為小火燜煮3分鐘左右。

3. 倒入豆漿烹煮一下，將豆腐捏成容易入口的大小並放入鍋裡。稍微將火候轉大並烹煮1分鐘，最後依個人喜好添加辣油。

主菜 絞肉＋高麗菜

搭配麵包吃，適合作為早餐或早午餐！

蛋炒絞肉高麗菜

超短時 約10Min

材料（2人份）

綜合絞肉	150g
高麗菜	3～4大片
雞蛋	2顆
沙拉油	1大匙
鹽・胡椒	各少許
A ┌ 中濃醬汁	1又1/2大匙
＿└ 番茄醬	1大匙

製作方式

1. 高麗菜切成粗絲狀，盛裝於器皿中。雞蛋打散成蛋液，加鹽、胡椒攪拌均勻。

2. 平底鍋裡倒入一半分量的沙拉油，以中火加熱，接著將步驟1的蛋液一口氣倒入鍋裡，雞蛋變得鬆軟後立即取出。

3. 將剩餘的沙拉油倒入平底鍋裡，放入絞肉拌炒。絞肉上色後放入A食材一起拌炒。將步驟2的食材倒回鍋裡，稍微混拌一下，最後鋪在步驟1的高麗菜上就完成了。

POINT 在切塊的高麗菜上撒些鹽（分量外）搓揉一下，口感會比較滑順。喜歡軟口感的人，可以省略這個步驟。

以白高湯和薑泥調味，味道溫潤香醇

浸煮絞肉高麗菜

超短時 約10Min ／ 可冷藏保存 約1～2天

材料（2人份）

雞絞肉（腿肉）	200g
高麗菜	3大片
金針菇	1/2袋
芝麻油	1/2大匙
A ┌ 白高湯	2又1/2大匙
｜ 水	2/3杯
｜ 薑泥（管裝）	
＿└	3～4cm分量

●太白粉溶液
太白粉・水 各1小匙

製作方法

1. 高麗菜切成塊狀。切掉金針菇底部並對半切開。

2. 平底鍋裡倒入芝麻油，煸炒雞絞肉。煸炒過程中不要將絞肉完全撥散，稍微保留些許塊狀。放入高麗菜和A食材，煮沸後放入金針菇。時而攪拌一下，烹煮3分鐘左右，以繞圈方式倒入太白粉溶液，烹煮至勾芡狀後即可關火。

主菜 絞肉＋紅蘿蔔

搭配 ＋ Carrot

添加蘿蔔泥的漢堡排，鬆軟可口！

絞肉和醬汁裡都有滿滿的紅蘿蔔
紅蘿蔔漢堡排

可冷藏保存 約1～2天

材料（2人份）
綜合絞肉	200g
紅蘿蔔	1中根
蛋液	1/2顆分量
沙拉油	1大匙
鹽	1/4小匙
胡椒	少許
柚子醋醬油	2大匙

製作方法

1 將一半分量的紅蘿蔔磨成泥，一半刨成絲。

2 將絞肉放入攪拌盆中，倒入蛋液、鹽、胡椒充分搓揉在一起。接著加入紅蘿蔔泥，以攪拌方式充分拌勻。一次取1/2分量捏成橢圓形。

3 平底鍋裡倒入沙拉油，以中火加熱，轉為中小火煎步驟 2 的食材，上下翻面後蓋上鍋蓋，以小火燜煮7～8分鐘。用竹籤刺一下漢堡排，流出透明湯汁時即可關火，盛裝於器皿中。

4 用廚房紙巾擦乾平底鍋，倒入紅蘿蔔絲拌炒。紅蘿蔔絲變軟後，倒入柚子醋醬油炒一下，最後淋在步驟 3 的食材上就完成了。

主菜 絞肉＋紅蘿蔔

番茄醬＋韓式辣椒醬製作調味基底

韓式醬炒絞肉紅蘿蔔

超短時 約10Min　可冷藏保存 約1～2天

材料（2人份）
豬絞肉 ……………………… 150g
紅蘿蔔 ……………………… 1小根
芝麻油 ……………………… 1/2大匙
水 …………………………… 2大匙
A ┌ 白芝麻粉・清酒・番茄醬
　│ ………………………… 各1大匙
　│ 韓式辣椒醬・砂糖・芝麻油
　└ ………………………… 各1小匙

製作方法

1. 紅蘿蔔切成4～5cm長的細條狀。**A**食材混拌均勻備用。

2. 平底鍋裡倒入芝麻油，以中火加熱煸炒絞肉，煸炒過程中不要將絞肉炒到完全細碎。絞肉上色後加入紅蘿蔔一起拌炒。加水後蓋上鍋蓋，轉為小火燜煮2分鐘。

3. 將火候轉大，加入**A**食材，快速翻炒在一起。

無需燒賣皮，微波加熱超簡單！

紅蘿蔔燒賣

超短時 約10Min

材料（2人份）
豬絞肉 ……………………… 100g
紅蘿蔔 ………… 1/2小根（約60g）
低筋麵粉 …………………… 1/2大匙
A ┌ 清酒・水・薑泥（管裝）
　│ ………………………… 各1大匙
　│ 醬油・芝麻油 …… 各1小匙
　└ 鹽 ……………………… 少許
B [芥末・醬油・醋 …… 各適量

製作方法

1. 紅蘿蔔切成細絲，倒入低筋麵粉拌合均勻。

2. 將豬絞肉放入攪拌盆中，接著放入**A**食材和步驟**1**的紅蘿蔔，搓揉至產生黏性。

3. 每次取1/8分量的步驟**2**食材，揉成球狀放在耐熱器皿上。鬆鬆地覆蓋保鮮膜，放入微波爐（600W）中加熱3分鐘。將**B**食材攪拌均勻作為沾醬。

主菜 絞肉＋紅蘿蔔

用家裡常備調味料輕鬆製作法式多蜜醬汁風味！

多蜜醬汁風炒絞肉紅蘿蔔

超短時 約10Min ｜ 可冷藏保存 約1～2天

材料（2人份）

綜合絞肉	150g
紅蘿蔔	2/3中根
沙拉油	1/2大匙
水	2大匙
A 番茄醬	1又1/2大匙
中濃醬汁・清酒	各1大匙
顆粒高湯粉	1/3小匙

製作方法

1. 紅蘿蔔切成粗絲狀。將A食材混拌均勻備用。
2. 平底鍋裡倒入沙拉油，以中火加熱煸炒絞肉，絞肉上色後加入紅蘿蔔絲一起拌炒。加水後蓋上鍋蓋，轉為小火燜煮5分鐘。
3. 掀開鍋蓋並將火候轉大，翻炒讓水分蒸發。放入A食材，快速炒一下。

削皮器將紅蘿蔔削成薄片，打造新口感

咖哩奶油醬煮絞肉紅蘿蔔

超短時 約15Min ｜ 可冷藏保存 約1～2天

材料（2人份）

綜合絞肉	150g
紅蘿蔔	1小根
洋蔥	1/4顆
沙拉油	1/2大匙
水・牛奶	各1/2杯
低筋麵粉	1大匙
咖哩粉	1/2小匙
顆粒高湯粉	1/3小匙
鹽	1/3小匙
胡椒	少許

製作方法

1. 用削皮器將紅蘿蔔削成薄片。洋蔥切成薄片。
2. 平底鍋裡倒入沙拉油，加熱煸炒絞肉和洋蔥。加入低筋麵粉、咖哩粉，拌炒至沒有粉末狀，接著加水、顆粒高湯粉和紅蘿蔔，蓋上鍋蓋，以中小火燜煮5分鐘。
3. 倒入牛奶，繼續烹煮2～3分鐘。最後以鹽和胡椒調整味道。

主菜 絞肉＋洋蔥

\ 甘甜醬汁帶出餘韻美味！/

搭配＋ Onion

煎過的洋蔥甜味是這道菜餚的主角！
照燒洋蔥夾肉排

短時 約15Min

材料（2人份）
豬絞肉 ·············· 150g
洋蔥 ·············· 1又1/2顆
沙拉油 ·············· 1/2大匙
低筋麵粉 ·············· 少許
清酒 ·············· 1又1/2大匙
薑泥（管裝） ·········· 3～4cm分量
A ┌ 醬油 ·············· 1又1/2大匙
　├ 味醂 ·············· 1大匙
　└ 砂糖 ·············· 1/2大匙
七味粉 ·············· 少許

製作方法

1 洋蔥切成5～6mm厚度圓片，共8片，在單面抹上薄薄一層低筋麵粉。將豬絞肉、清酒、薑泥放入攪拌盆中攪拌均勻。

2 取2片洋蔥，各自用沾粉的那一面夾住1/4分量的肉餡。共製作4份。

3 平底鍋裡倒入沙拉油，將步驟 **2** 的肉排放入鍋裡。以中火加熱煎至兩面微焦，然後蓋上鍋蓋以小火燜煎6分30秒。掀開鍋蓋，用廚房紙巾吸乾水分，轉為大火並倒入 **A** 食材，讓肉排裹上醬汁增添光澤感。盛裝於器皿中，最後撒些七味粉即可上桌。

81

主菜 絞肉＋洋蔥

洋蔥不要熟透，保留爽脆口感

辣炒豬肉洋蔥

超短時 約10Min ／ 可冷藏保存 約2～3天

材料（2人份）

豬絞肉 ……………………… 150g
洋蔥 ………………………… 1顆
沙拉油 ……………………… 1/2大匙
A ┌ 水 ……………………… 1/2杯
　│ 昆布麵汁（3倍濃縮）
　│ ………………………… 1又1/2大匙
　│ 紅辣椒（切小塊）
　│ ………………………… 1根分量
　└ 芝麻油 …………………… 少許

製作方法

1. 洋蔥切成8等分，一片片剝開備用。將 A 食材倒入盆裡混拌均勻。

2. 平底鍋裡倒入沙拉油，以中火加熱煸炒絞肉，絞肉上色後加入洋蔥一起拌炒後關火。蓋上鍋蓋，用餘溫燜蒸3分鐘。倒入 A 食材拌合均勻即可上桌。

使用雞腿絞肉，口感更軟嫩美味！

洋蔥起司雞肉丸

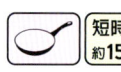

短時 約15Min

材料（2人份）

雞絞肉 ……………………… 200g
洋蔥 ………………………… 1/4顆
沙拉油 ……………………… 1/2大匙
A ┌ 洋蔥（磨成泥）… 1/4顆分量
　│ 薑泥（管裝）
　│ ………………………… 3～4cm分量
　│ 清酒 …………………… 1大匙
　│ 太白粉 ………………… 1小匙
　└ 胡椒 …………………… 少許
烤海苔片（21×19公分）
　…………………………… 1/2片
披薩用起司 …………… 40～50g
B ┌ 醬油・伍斯特醬
　└ ……………………… 各1/2大匙

製作方法

1. 洋蔥切末。攪拌盆裡放入絞肉和 A 食材，攪拌至產生黏性，放入洋蔥充分混拌均勻。

2. 平底鍋裡倒入沙拉油，每次取1/4分量的 1 壓成扁圓形並放入鍋裡，以中火煎2～3分鐘，底部上色後翻面，蓋上鍋蓋並轉為小火燜煮4分鐘。

3. 將烤海苔剪成4等分，連同起司一起放在步驟 2 中煎好的肉片上，再次蓋上鍋蓋加熱，起司融化後盛裝於器皿上，最後澆淋混拌均勻的 B 食材。

主菜 絞肉＋洋蔥

使用雞腿絞肉，打造多層次濃郁風味

和風煮雞絞肉洋蔥

短時 約15Min　可冷藏保存 約1～2天

材料（2人份）

雞絞肉	100g
洋蔥	1大顆
芝麻油	1大匙
水	2杯
清酒	1大匙
薑泥（管裝）	3～4cm分量
鹽	1/4小匙
醬油	少許

製作方法

1. 洋蔥切成4等分瓣狀。
2. 鍋裡倒入芝麻油，以中火加熱炒雞絞肉，煸炒過程中不要過度將絞肉撥散。
3. 加水、清酒和洋蔥，煮沸後撈除浮渣。蓋上鍋蓋，但稍微留一點小縫，以中小火烹煮10分鐘。添加薑泥，並以鹽和醬油調整味道。

最少食材且無需油炸的簡單糖醋肉

洋蔥糖醋豬肉

超短時 約10Min

材料（2人份）

豬絞肉	150g
洋蔥	1顆
芝麻油	1大匙
清酒	2大匙
A { 水	1/3杯
番茄醬	1又1/2大匙
醬油	1大匙
砂糖・醋	各1/2大匙
太白粉	1小匙

製作方法

1. 洋蔥切成6等分瓣狀，稍微剝開。將 A 食材混拌均勻備用。
2. 平底鍋裡倒入芝麻油，煸炒豬絞肉。絞肉上色後，放入洋蔥一起拌炒，接著倒入清酒後蓋上鍋蓋，轉為中小火燜煮2～3分鐘。
3. 再次拌勻 A 食材並倒入鍋裡，將火候轉大並烹煮1～2分鐘。最後澆淋些許芝麻油（分量外）即可上桌。

主菜 絞肉＋馬鈴薯

烤至酥脆的馬鈴薯，口感超級棒！

搭配 + Potato

搭配麵包或作為下酒菜都非常適合

起司口味法式馬鈴薯鹹可麗餅

材料（2人份）

豬絞肉	**100g**
馬鈴薯	**2小顆**
沙拉油	1大匙
鹽	適量
胡椒	少許
披薩用起司	20g
低筋麵粉	2又1/2大匙
水	1大匙

製作方法

1 馬鈴薯削皮後切成細絲（也可以使用切肉機切片）。

2 平底鍋裡倒入1/2大匙的沙拉油，爆炒絞肉至上色後，加入少許鹽和胡椒調味。

3 將馬鈴薯、起司、步驟2的絞肉倒入攪拌盆中，撒些鹽、低筋麵粉和水，充分混拌均勻。

4 平底鍋裡倒入1/4大匙的沙拉油，以中小火加熱，每次取1/4分量的步驟3食材，並放在鍋裡2側，壓平成直徑5cm的大小。煎炸5分鐘左右，上下翻面再煎炸5分鐘。以同樣方式處理另外2片。

POINT 馬鈴薯不需要事先泡水，澱粉具有塑形效果。

主菜 絞肉＋馬鈴薯

Q彈麵團裡添加大量絞肉和馬鈴薯

馬鈴薯煎餅

短時 約15Min　可冷藏保存 約1～2天

材料（2人份）
豬絞肉 ……………… **120g**
馬鈴薯 ……………… **2中顆**
雞蛋 …………………… 1顆
芝麻油 ………………… 1大匙
水 ……………………… 1/2杯
低筋麵粉 ……………… 2大匙
太白粉 ………………… 6大匙
鹽 ……………………… 少許
白芝麻粉・韓式辣椒醬
………………………… 各少許

製作方法
1. 將1顆馬鈴薯磨成泥，1顆切成非常薄的半月形，泡水後瀝乾備用。

2. 將雞蛋和水（分量內）倒入攪拌盆中充分拌勻，接著將步驟1的馬鈴薯泥連同汁液一起倒入攪拌盆中，加入低筋麵粉、太白粉和鹽，充分混拌均勻。

3. 平底鍋裡倒入芝麻油，以中火加熱後倒入步驟2的麵糊，慢慢鋪平於整個鍋底，轉為小火煎4分鐘。上下翻面，邊壓邊繼續煎4分鐘。切成容易入口的大小後盛裝於盤子裡，最後撒些芝麻和韓式辣椒醬。

鋪在生高麗菜上，充滿沙拉風味的配菜

蠔油醬
煮馬鈴薯絞肉

短時 約15Min

材料（2人份）
豬絞肉 ……………… **150g**
馬鈴薯 ……………… **2中顆**
高麗菜 ………………… 2大片
沙拉油 ………………… 1/2大匙
水 ……………………… 2大匙
A ┌ 清酒・蠔油 …… 各1大匙
　└ 砂糖・芝麻油 … 各1小匙

製作方法
1. 高麗菜切粗絲並盛裝於器皿中。

2. 馬鈴薯削皮後切成4～5mm厚度的半月形，稍微泡水並瀝乾。放入平底鍋裡，加水後蓋上鍋蓋，以中小火燜煮4分鐘，起鍋後鋪在步驟1的高麗菜上。

3. 稍微擦乾平底鍋，倒入沙拉油並加熱煸炒豬絞肉。絞肉完全上色後，加入食材A，拌炒均勻後淋在步驟2的食材上。

主菜 絞肉＋馬鈴薯

奶油起司醬煮馬鈴薯

不費功夫的貝夏梅醬風菜餚

短時 約15Min

材料（2人份）

豬絞肉······················100g
馬鈴薯······················2中顆
洋蔥························1/4顆
奶油························1大匙
低筋麵粉···················1又1/2大匙
水··························2/3杯
牛奶························1/3杯
顆粒高湯粉·················1小匙
鹽··························1小匙
粗研磨黑胡椒···············適量
披薩用起司·················60g

製作方法

1. 馬鈴薯削皮後切成3～4mm厚度半月形，稍微泡水並瀝乾。洋蔥切成薄片扇形。

2. 平底鍋裡放入奶油，以中火加熱炒洋蔥。洋蔥變軟後倒入低筋麵粉，拌炒至沒有粉末狀。加水和顆粒高湯粉、馬鈴薯後蓋上鍋蓋，轉為小火燜煮6分鐘。倒入牛奶烹煮1分鐘後鋪上起司，以鹽調整味道後關火。

3. 將步驟2的食材盛裝於器皿中，撒些黑胡椒即可上桌。

醬煮咖哩馬鈴薯絞肉

促進食慾的創意馬鈴薯絞肉

超短時 約10Min ／ 可冷藏保存 約1～2天

材料（2人份）

雞絞肉······················150g
馬鈴薯······················2中顆
高麗菜······················2大片
沙拉油······················1/2大匙
高湯························2/3杯
A ┌ 清酒····················1大匙
　├ 醬油····················1/2大匙
　├ 咖哩粉··················1小匙
　└ 砂糖····················少許

製作方法

1. 馬鈴薯削皮後切成7～8mm厚度且容易入口的大小，稍微泡水並瀝乾。高麗菜切塊狀。

2. 平底鍋裡倒入沙拉油，以中火加熱炒雞絞肉，煸炒過程中稍微撥散絞肉。絞肉上色後，加入馬鈴薯和高麗菜一起拌炒。整體裹上油後，倒入高湯並轉為大火煮沸。轉為中火並撈除浮渣，蓋上小鍋蓋烹煮5～6分鐘。加入A食材，烹煮至湯汁剩下1/3分量。

POINT 煸炒過程中不要將絞肉全部撥散，稍微保留些許塊狀。

主菜 絞肉＋豆芽菜

不需要花時間將絞肉揉成球狀！

Bean sprouts 搭配

以經濟實惠的食材做出超配飯的簡單菜餚！

辣炒味噌雞絞肉豆芽菜

超短時 約10Min

材料（2人份）

雞絞肉	100g
豆芽菜	1/2袋
金針菇	1/2袋（50g）
芝麻油	1大匙
水	2大匙

A
- 清酒 ··········· 1又1/2大匙
- 味噌 ··········· 1又1/3大匙
- 砂糖 ··········· 2/3大匙
- 豆瓣醬 ········· 1/3〜2/3小匙

製作方法

1. 切除金針菇底部，再對半切成2等分。A食材混拌均勻備用。

2. 平底鍋裡倒入芝麻油，以中火加熱炒雞絞肉，煸炒時不要將絞肉全部撥散，稍微保留些許塊狀。絞肉上色後，加入豆芽菜一起拌炒。加水和金針菇並稍微烹煮一下，然後倒入A食材拌炒均勻。

主菜 絞肉＋豆芽菜

蠔油裡添加美乃滋，味道更溫潤

豬絞肉豆芽菜蛋佐美乃滋蠔油醬

超短時 約10Min

材料（2人份）
- 豬絞肉⋯⋯⋯⋯⋯100g
- 豆芽菜⋯⋯⋯⋯⋯1袋
- 雞蛋⋯⋯⋯⋯⋯2顆
- 芝麻油⋯⋯⋯⋯⋯1大匙
- 鹽・胡椒⋯⋯⋯⋯各少許
- A ┌ 美乃滋⋯⋯⋯⋯2大匙
    └ 蠔油⋯⋯⋯⋯1/2大匙

製作方法
1. 雞蛋打散成蛋液，加鹽和胡椒攪拌均勻。A食材混拌均勻備用。
2. 平底鍋裡倒入一半分量的芝麻油，以中火加熱，倒入步驟1的蛋液並快速拌炒，雞蛋呈鬆軟半熟狀態即取出。
3. 在平底鍋裡倒入剩餘的芝麻油，以中火加熱爛炒豬絞肉。絞肉上色後放入A食材一起拌炒，接著倒入豆芽菜拌炒。豆芽菜稍微變軟後，將步驟2的雞蛋倒回鍋裡，整體快速拌炒一下。

番茄醬口味醃漬液適合搭配豆芽菜

醬漬絞肉豆芽菜

超短時 約10Min ／ 可冷藏保存 約1～2天

材料（2人份）
- 綜合絞肉⋯⋯⋯⋯120g
- 豆芽菜⋯⋯⋯⋯⋯1袋
- 番茄⋯⋯⋯⋯⋯1顆
- 沙拉油⋯⋯⋯⋯⋯1小匙
- A ┌ 橄欖油⋯⋯⋯⋯2又1/2大匙
    │ 醋⋯⋯⋯⋯⋯2大匙
    │ 番茄醬⋯⋯⋯⋯1又1/2大匙
    └ 砂糖⋯⋯⋯⋯⋯2小匙

製作方法
1. 將A食材倒入托盤裡混拌均勻，接著將切成一口大小的番茄浸泡在裡面。
2. 平底鍋裡倒入沙拉油，以中火加熱炒絞肉，爛炒過程中不要將絞肉全部撥散，稍微保留些許塊狀。絞肉上色後，加入豆芽菜，蓋上鍋蓋並轉為小火燜煮2～3分鐘。
3. 將步驟2的食材倒入1裡面（湯汁不要倒進去），然後混拌均勻。

POINT 爛炒絞肉的訣竅是絞肉結塊之前不要頻繁翻攪，稍微爛炒至熟透就好。

主菜 絞肉＋豆芽菜

用微波爐直接搞定巨大肉丸子！

中式微波豬肉豆芽菜羹

超短時 約10Min

材料（2人份）

- 豬絞肉 ………………… 200g
- 豆芽菜 …………… 1袋（200g）
- A
  - 太白粉・清酒 …… 各1大匙
  - 芝麻油 ………………… 1/2大匙
  - 顆粒雞湯粉 …………… 1/2小匙
- ●中式風味羹
  - 水 ……………………… 2/3杯
  - 番茄醬 ………………… 2大匙
  - 砂糖 …………………… 2小匙
  - 醬油 …………………… 1小匙
  - 太白粉 ………………… 1/2小匙

製作方法

1. 將 A 食材和絞肉充分攪拌均勻，然後加入豆芽菜拌合均勻。

2. 將步驟 1 的食材放入直徑 18～20cm 的耐熱盤中並鋪平，但周圍稍微預留一些空間，不要鋪滿整個盤子，鬆鬆地覆蓋保鮮膜，放入微波爐（600W）中加熱5分鐘，直到食材內部熟透。

3. 將中式風味羹所需食材放入平底鍋裡，充分混拌均勻，以小火稍微烹煮一下，整體勾芡變黏稠後，澆淋在步驟 2 的食材上。

沾裹蛋黃，味道更溫潤滑順！

大蒜醋炒豬絞肉豆芽菜

超短時 約10Min

材料（2人份）

- 豬絞肉 ………………… 150g
- 豆芽菜 ………………… 1袋
- 芝麻油 ………………… 1大匙
- A
  - 醋 …………………… 1又1/2大匙
  - 清酒・醬油 …… 各1大匙
  - 砂糖・顆粒雞湯粉
    …………………… 各1小匙
- 蒜泥（管裝）…… 2～3cm分量
- 蛋黃 …………………… 1顆分量
- 白芝麻粉 ……………… 少許

製作方法

1. 將 A 食材混拌均勻備用。

2. 平底鍋裡倒入芝麻油和蒜泥，放入絞肉煸炒至上色。加入豆芽菜一起拌炒，蓋上鍋蓋並以中小火燜煮1分鐘左右，然後加入步驟 1 的 A 食材拌炒均勻。盛裝於器皿上，然後將蛋黃放在正中央並撒些芝麻粉。

89

主菜 絞肉＋蕈菇

以其他種類的蕈菇取代金針菇也可以

+ Mushroom 搭配

梅子的清爽酸味具畫龍點睛效果！

梅子風味絞肉蕈菇

超短時 約10Min ｜ 可冷藏保存 約1～2天

材料（2人份）

豬絞肉	150g
金針菇	1袋
沙拉油	1/2大匙
梅乾	1大顆
高湯	2/3杯
A｛ 清酒	1大匙
醬油	1小匙
砂糖	1/2小匙

製作方法

1. 切掉金針菇底部並對半切成2等分。梅乾去籽，撕成小片備用。

2. 平底鍋裡倒入沙拉油，以中火加熱煸炒豬絞肉。絞肉完全上色後，倒入高湯煮沸，撈除浮渣後放入金針菇。接著放入 A 食材和步驟1的梅乾，蓋上小鍋蓋，轉為中小火烹煮4分鐘左右。

POINT 建議使用無加糖梅乾。

主菜 絞肉＋蕈菇

軟嫩肉丸子裡有清脆口感的金針菇！

辛辣柚子醋炒金針菇肉丸

超短時 約10Min ｜ 可冷藏保存 約1～2天

材料（2人份）
- 雞絞肉 …………………… 200g
- 金針菇 …………………… 1/2袋
- 沙拉油 …………………… 1大匙
- A
  - 清酒・太白粉 ………… 各1小匙
  - 蛋液 …………………… 1/2顆
  - 鹽・胡椒 ……………… 各少許
  - 薑泥（管裝）………… 3cm分量
- B
  - 柚子醋醬油 …………… 2大匙
  - 純辣椒粉 ……………… 1/3小匙
- 高麗菜 …………………… 1大片

POINT 盡量使用雞腿肉的絞肉，口感會比較軟嫩。

製作方法

1. 切除金針菇底部，然後切小段。

2. 將雞絞肉和 A 食材放入攪拌盆中混拌均勻，攪拌至產生黏性。倒入步驟 1 的食材，進一步混拌均勻。每次取1/6分量並壓成扁平圓形。

3. 平底鍋裡倒入沙拉油，以中火加熱，將步驟 2 的食材排列在鍋裡，煎至兩面呈金黃色。轉為小火並蓋上鍋蓋，燜煮2分鐘左右。盛裝於器皿中，一旁擺放撕小片的高麗菜，另外以小盤子盛裝混拌均勻的 B 食材作為沾醬。

辣醬入味，令人回味無窮的美味

南蠻漬舞菇雞絞肉

超短時 約10Min ｜ 可冷藏保存 約2～3天

材料（2人份）
- 雞絞肉 …………………… 150g
- 舞菇 ……………… 1盒（100g）
- 芝麻油 …………………… 1/2大匙
- A
  - 白高湯・水 …………… 各2大匙
  - 醋 ……………………… 1大匙
  - 砂糖 …………………… 1又1/2小匙
  - 紅辣椒（切小塊）
    ………………………… 1根分量

製作方法

1. 將舞菇撥開成容易入口的大小。將 A 食材放入大攪拌盆中混拌均勻。

2. 平底鍋裡倒入芝麻油，以中火加熱炒絞肉，煸炒時不要將絞肉完全撥散，稍微保留些許塊狀。絞肉上色後加入舞菇一起拌炒，蓋上鍋蓋並轉為中小火燜煮2～3分鐘。

3. 將步驟 2 的食材倒入步驟 1 的攪拌盆中，混拌均勻讓食材入味。

91

主菜 絞肉＋蕈菇

提前備好超方便。鋪在白飯上也十分美味

韓式蕈菇雜菜

超短時 約10Min　可冷藏保存 約2～3天

材料（2人份）
綜合絞肉⋯⋯⋯⋯⋯⋯120g
鴻喜菇⋯⋯⋯⋯⋯⋯⋯1盒
金針菇⋯⋯⋯⋯⋯⋯⋯1袋
紅蘿蔔⋯⋯⋯⋯⋯⋯⋯1/3根
冬粉（短版）⋯⋯⋯⋯30g
芝麻油⋯⋯⋯⋯⋯⋯1大匙
蒜泥（管裝）⋯⋯3～4cm分量
A ┌ 水⋯⋯⋯⋯⋯⋯⋯1/2杯
　│ 昆布麵汁（3倍濃縮）
　│ ⋯⋯⋯⋯⋯⋯2又1/2大匙
　└ 韓式辣椒醬⋯⋯⋯1小匙
白芝麻粉⋯⋯⋯⋯⋯⋯少許

製作方法
1. 切掉鴻喜菇底部並撥散。切掉金針菇底部並對半切開。紅蘿蔔切成細絲。將A食材倒入攪拌盆中混拌均勻備用。
2. 平底鍋裡倒入芝麻油，以中火加熱拌炒大蒜和絞肉。絞肉上色後，放入紅蘿蔔絲一起拌炒1～2分鐘，接著倒入蕈菇稍微翻炒一下。放入A食材和冬粉後蓋上鍋蓋，轉為中小火燜煮2分鐘。掀開鍋蓋，烹煮至稍微收汁，盛裝於器皿中並撒些芝麻即可上桌。

使用家裡常備調味料，簡單又吃不膩的家常菜

糖醋絞肉蕈菇

超短時 約10Min　可冷藏保存 約1～2天

材料（2人份）
豬絞肉⋯⋯⋯⋯⋯⋯150g
舞菇⋯⋯⋯⋯⋯⋯⋯⋯1盒
洋蔥⋯⋯⋯⋯⋯⋯⋯⋯1/4顆
沙拉油⋯⋯⋯⋯⋯⋯1/2大匙
高湯⋯⋯⋯⋯⋯⋯⋯⋯2/3杯
A ┌ 醬油⋯⋯⋯⋯1又1/3大匙
　│ 清酒⋯⋯⋯⋯⋯⋯1/2大匙
　└ 砂糖⋯⋯⋯⋯⋯⋯1小匙
醋⋯⋯⋯⋯⋯⋯⋯⋯1大匙

製作方法
1. 洋蔥切成2～3cm寬的扇形。舞菇撥開成容易入口的大小。
2. 平底鍋裡倒入沙拉油，以中火加熱炒豬絞肉，煸炒過程中不要將絞肉全部撥散，稍微保留些許塊狀。絞肉上色後，倒入高湯煮沸。接著放入洋蔥和舞菇，再次煮至沸騰，放入A食材後繼續烹煮3分鐘左右。加醋後立即關火。

雞蛋

使用雞蛋做出具有口感且營養滿分的菜餚！

使用美乃滋和芥末醬調味，超級無敵美味！

鮪魚番茄炒蛋

超短時 約10Min

材料（2～3人份）

雞蛋	4顆
番茄	2中顆
鮪魚罐頭（油漬）	1罐（70g）
橄欖油	1又½大匙
鹽・胡椒	各少許
A 美乃滋	1又½大匙
顆粒芥末醬	1小匙

製作方法

1. 番茄切成一口大小的滾刀塊。雞蛋打成蛋液，加鹽和胡椒混拌均勻。將 A 食材拌勻備用。

2. 平底鍋裡倒入一半分量的橄欖油，以中大火加熱，將步驟 1 的蛋液一口氣倒入鍋裡，大動作翻攪，雞蛋變鬆軟且熟透後立即取出。

3. 將剩餘的橄欖油倒入平底鍋裡加熱，倒入番茄和瀝乾汁液的鮪魚罐稍微拌炒一下，接著倒入 A 食材和步驟 2 的食材，快速翻炒一下。

雞蛋口感軟綿綿！

搭配 + Tomato

主菜 雞蛋＋番茄

／番茄醬汁也能淋在香煎雞肉上＼

鮮甜的番茄勾芡醬汁最美味了！
半月蛋佐番茄醬汁

超短時 約10Min

材料（2人份）

雞蛋	**4顆**
番茄	**1中顆**
沙拉油	1大匙
A 水	1/3杯
砂糖・醬油	各1小匙
鹽	少許
●太白粉溶液	
太白粉・水	各1/2小匙

製作方法

1 番茄切成小塊備用。

2 平底鍋裡倒入沙拉油加熱，將蛋直接打入鍋裡，以中火煎至蛋白稍微凝固後，用鍋剷將雞蛋對摺成半月形。小煎一下後盛裝於器皿中。

3 取一只小鍋放入 A 食材和番茄，煮沸後再烹煮1～2分鐘。倒入太白粉溶液勾芡，然後澆淋在步驟 2 的食材上即可上桌。

主菜 雞蛋＋番茄

／雞蛋不要煮到熟透，口感更滑嫩～／

番茄搭配泡菜，令人回味無窮的美味！

滑蛋泡菜番茄

超短時 約10Min

材料（2人份）

雞蛋	2顆
番茄	1中顆
韓式泡菜	50～60g
芝麻油	1小匙
A ┌ 水	1/3杯
└ 顆粒雞湯粉	1/2小匙
醬油	1小匙

製作方法

1. 將韓式泡菜切成容易入口的大小。番茄切成8等分瓣狀。

2. 平底鍋裡倒入芝麻油加熱，快速翻炒泡菜，然後放入 A 食材和番茄。烹煮一下後倒入醬油和打散的蛋液。翻攪均勻，雞蛋變鬆軟且熟透後即可關火。

POINT ▶ 依韓式泡菜的辣度增減使用量。

主菜 雞蛋＋青花菜

\ 也可以沾裹半熟蛋黃！/

搭配 ＋ Broccoli

一道不使用油，健康又輕盈的主菜

青花菜水波蛋燉菜

超短時 約10Min

材料（2人份）
雞蛋 ……………………………… **4顆**
青花菜 …………………………… **1小株**
水 ………………………………… 1杯
顆粒高湯粉 ……………………… 1/2小匙
鹽 ………………………………… 少許
粗研磨黑胡椒．起司粉 ………… 各適量

製作方法

1. 青花菜分切成小瓣，放入平底鍋裡，接著加水和顆粒高湯粉烹煮。煮沸後蓋上鍋蓋燜煮2分鐘左右，以鹽調整味道。

2. 鍋裡挪出一些空間，打入雞蛋，蓋上鍋蓋並以中小火燜煮1〜2分鐘。依個人喜好調整雞蛋熟度，煮好後盛裝於器皿中，最後撒些黑胡椒和起司粉即可上桌。

主菜 雞蛋＋青花菜

善用罐頭食材，簡單又有飽足感！

圓形歐姆蛋佐奧羅拉醬

短時 約15Min ／ 可冷藏保存 約1～2天

材料（2人份）
雞蛋	4顆
青花菜	1/4株（約60g）
綜合豆	1盒（50g）
橄欖油	1大匙
鹽・胡椒	各少許
A｜美乃滋	2大匙
｜番茄醬	1大匙

製作方法

1. 青花菜切成一口大小，放入耐熱容器中，鬆鬆地覆蓋保鮮膜，放入微波爐（600W）中加熱1分鐘。

2. 取一只較大的攪拌盆，將雞蛋打在裡面，加鹽和胡椒混拌均勻，接著倒入步驟1的食材和綜合豆，整體攪拌均勻。

3. 取一只直徑18～20cm的平底鍋，倒入橄欖油後以中火加熱，將步驟2的食材一口氣倒入鍋裡，快速攪拌。雞蛋呈鬆軟狀時蓋上鍋蓋，轉為小火燜煎3～4分鐘，盛裝於器皿後澆淋混拌均勻的A食材即可上桌。

只需要一個平底鍋就能快速完成一道菜餚！

蠔油醬炒雞蛋青花菜

超短時 約10Min

材料（2人份）
雞蛋	2顆
青花菜	1小株
沙拉油	1/2大匙
水	1/4杯
鹽・胡椒	各少許
A｜清酒・蠔油	各1大匙
｜砂糖	1/2大匙
｜醬油	1小匙

製作方法

1. 青花菜分切成小瓣。雞蛋打散成蛋液，加鹽和胡椒攪拌均勻。A食材混拌均勻備用。

2. 平底鍋裡倒入沙拉油，以中火加熱，將步驟1的蛋液一口氣倒入鍋裡，稍微翻攪一下，雞蛋呈鬆軟狀時即取出。

3. 將青花菜和水倒入平底鍋裡，蓋上鍋蓋，以中小火燜煮3～4分鐘。用廚房紙巾吸乾水氣，將火候轉大並倒入A食材一起拌炒，接著將步驟2的食材倒回鍋裡，快速拌炒均勻。

POINT 青花菜煮熟後，用廚房紙巾擦乾鍋裡的水氣，這樣菜餚才不會因為水分過多而影響口感。

主菜　雞蛋＋高麗菜

搭配 ＋ Cabbage

\夾在麵包裡也非常好吃！/

雞蛋裡添加披薩用起司，增添濃郁感

高麗菜鮪魚鹹派

超短時 約10Min ／ 可冷藏保存 約1～2天

材料（2人份）
雞蛋……………………2顆
高麗菜…………………1大片
鮪魚罐（油漬）……1罐（70g）
沙拉油……………1大匙＋1小匙
鹽・胡椒………………各少許
披薩用起司………………40g
粗研磨黑胡椒……………少許

製作方法

1 高麗菜切成粗絲狀。取一只直徑18～20cm的平底鍋，倒入1小匙沙拉油加熱煸炒高麗菜，加鹽和胡椒調味。

2 雞蛋打散成蛋液，加入瀝乾汁液的鮪魚、起司和步驟1的食材混拌均勻。將平底鍋稍微擦乾，倒入1大匙沙拉油，以中火加熱並將蛋液一口氣倒入鍋裡，蓋上鍋蓋，轉為中小火燜煎2分鐘左右。上下翻面後再煎2分鐘左右，盛裝於器皿中，撒些黑胡椒並分切成容易入口的大小。

主菜 雞蛋＋高麗菜

「肉量不夠～」時，用雞蛋增加分量！

回鍋肉炒蛋

超短時 約10Min

材料（2人份）

雞蛋……………………2顆
高麗菜…………………2大片
豬五花薄切肉片………80g
沙拉油…………………1大匙
A ┌ 清酒・醬油・味噌
　│　……………………各1大匙
　│ 砂糖…………………1/2大匙
　└ 豆瓣醬………1/4～1/3小匙

製作方法

1. 豬肉切成3cm寬。切掉高麗菜芯並切成塊狀。將 A 食材混拌均勻備用。雞蛋打散成蛋液，加少量的鹽和胡椒（分量外）攪拌均勻。

2. 平底鍋裡倒入一半分量的沙拉油，以中火加熱，將步驟1的蛋液一口氣倒入鍋裡，翻攪成鬆軟狀後即取出。

3. 將剩餘的沙拉油倒入平底鍋裡，放入豬肉煸炒，豬肉上色後倒入高麗菜一起拌炒。高麗菜稍微變軟後，澆淋 A 食材，轉為大火快炒一下，然後將步驟2的雞蛋倒回鍋裡，拌炒均勻後即可上桌。

適合作為簡單主菜，也適合作為早餐

奶油炒高麗菜佐煎蛋

超短時 約10Min

材料（2人份）

雞蛋……………………2顆
高麗菜…………………4大片
奶油……………………1又1/2大匙
沙拉油…………………1小匙
鹽・胡椒・粗研磨黑胡椒
　………………………各少許

製作方法

1. 高麗菜切塊。將奶油放進平底鍋裡，以中火加熱，奶油融化後放入高麗菜炒1～2分鐘。撒些鹽和胡椒調味，拌炒均勻後盛裝於器皿中。

2. 平底鍋裡倒入沙拉油，打入雞蛋煎至個人喜好的熟度，起鍋後擺在步驟1的食材上，撒些黑胡椒即可上桌。

主菜 雞蛋 + 紅蘿蔔

搭配 + Carrot

富含維生素和膳食纖維的健康菜餚

辛辣紅蘿蔔配蘿蔔乾絲炒蛋

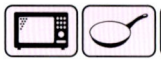

可冷藏保存約2～3天

材料（2人份）

雞蛋	2顆
紅蘿蔔	1小根（約120g）
蘿蔔乾絲	15g
芝麻油	1大匙

A ┌ 清酒 ……………………… 1大匙
　├ 豆瓣醬・顆粒雞湯粉
　└ …………………………… 各½小匙

製作方法

1. 紅蘿蔔切絲。將蘿蔔乾浸泡在裝好水（分量外）的耐熱攪拌盆中15分鐘，倒掉一點水後鬆鬆地覆蓋保鮮膜，放入微波爐（600W）中加熱4分鐘。取出後倒掉汁液，稍微置涼後輕輕擰乾，加入 A 食材充分混拌均勻。

2. 平底鍋裡倒入一半分量的芝麻油，以中火加熱，將打散的蛋液一口氣倒入鍋裡，雞蛋呈鬆軟狀時即取出。

3. 將剩餘的芝麻油倒入平底鍋裡，接著將步驟 1 的紅蘿蔔絲和蘿蔔乾倒入鍋裡，以中火拌炒2～3分鐘，接著將步驟 2 的食材倒回鍋裡，稍微拌炒一下即可上桌。

蛋液倒入平底鍋裡，接著就等上桌

西式紅蘿蔔烘蛋

超短時 約10Min　可冷藏保存 約1～2天

材料（2人份）

雞蛋	1顆
紅蘿蔔	⅔中根
沙拉油	½大匙
鹽・胡椒	各少許
起司粉	2大匙

製作方法

1. 紅蘿蔔切細絲。雞蛋打散成蛋液並加鹽和胡椒混拌均勻。

2. 取一只小平底鍋，倒入沙拉油，以中火煸炒紅蘿蔔絲。整體裹上沙拉油後，倒入起司粉稍微翻炒一下，將紅蘿蔔絲均勻鋪滿鍋底。

3. 以繞圈方式倒入步驟 1 的蛋液，蓋上鍋蓋燜煮3分鐘，盛裝於器皿後即可上桌。

主菜 雞蛋＋紅蘿蔔

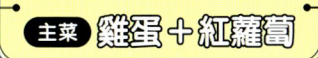

以番茄醬和中濃醬汁調味微波加熱的紅蘿蔔

多蜜醬汁風味的紅蘿蔔水煮蛋

超短時 約10 Min

材料（2人份）

水煮蛋	2顆
紅蘿蔔	2/3中根（約100g）
A ┌ 番茄醬	1大匙
└ 中濃醬汁	1/2大匙
粗研磨黑胡椒	少許

製作方法

1. 紅蘿蔔切絲，放入耐熱攪拌盆中，鬆鬆地覆蓋保鮮膜，放入微波爐（600W）中加熱2分鐘。加入 A 食材充分攪拌均勻後盛裝於盤中。

2. 將水煮蛋切成7～8等分薄片，排在步驟 1 的食材上，撒些黑胡椒即可上桌。

適合作為輕量級主菜，也可以作為副菜！！

主菜 雞蛋＋洋蔥

搭配 ＋ Onion

一也可以使用青花菜或蕈菇取代高麗菜！

連同平底鍋一起上桌，誘發食慾大增！

焗烤蛋洋蔥

短時 約15Min

材料（2人份）

水煮蛋	2顆
洋蔥	1/4顆
高麗菜	1大片
橄欖油	1大匙
低筋麵粉	2大匙
水	2/3杯
牛奶	1/3杯
顆粒高湯粉	1/3小匙
鹽	1/4～1/3小匙
胡椒	少許
披薩用起司	50g

製作方法

1. 將水煮蛋切成1cm寬的片狀，高麗菜切小塊，洋蔥切薄片。

2. 平底鍋裡倒入橄欖油，以中火加熱拌炒洋蔥和高麗菜2分鐘左右，洋蔥和高麗菜變軟後，倒入低筋麵粉，拌炒至沒有粉末狀。

3. 倒入水和顆粒高湯粉煮沸，然後以鹽和胡椒調整味道，轉為小火後倒入牛奶和水煮蛋。不要蓋上鍋蓋，時而攪拌一下，繼續熬煮3分鐘至產生黏稠狀。撒入起司粉後蓋上鍋蓋，以小火燜煮2分鐘。

主菜 雞蛋＋洋蔥

只用昆布麵汁調味，做成丼飯也很OK！

滑蛋洋蔥

超短時 約10Min

材料（2人份）
- 雞蛋⋯⋯⋯⋯⋯⋯2顆
- 洋蔥⋯⋯⋯⋯⋯⋯1顆
- 鴻喜菇⋯⋯⋯⋯⋯1/2袋
- 水⋯⋯⋯⋯⋯⋯1/2杯
- 昆布麵汁（3倍濃縮）⋯⋯1大匙

製作方法

1. 雞蛋打散成蛋液。洋蔥切成6等分瓣狀並稍微撥散。切掉鴻喜菇底部並撥散。

2. 取一只小平底鍋，倒入水、昆布麵汁、洋蔥和鴻喜菇，烹煮2分鐘。接著倒入蛋液，稍微將火候轉大，雞蛋變鬆軟且熟透後即關火。盛裝於器皿中，家裡若有花椒粉（分量外），可以撒一些增添風味。

用蛋皮包住絞肉和洋蔥等餡料

古早味歐姆蛋

材料（2人份）
- 雞蛋⋯⋯⋯⋯⋯⋯4顆
- 洋蔥⋯⋯⋯⋯⋯⋯1/2小顆
- 綜合絞肉⋯⋯⋯⋯150g
- 沙拉油⋯⋯⋯⋯⋯2大匙
- 鹽・胡椒・番茄醬⋯⋯各適量

製作方法

1. 雞蛋打散成蛋液，加鹽和胡椒混拌均勻。洋蔥切粗粒備用。

2. 平底鍋裡倒入1/2大匙沙拉油，以中火煸炒洋蔥。接著放入絞肉一起拌炒，絞肉完全上色後，稍微多加一些鹽和胡椒，混拌均勻後取出。

3. 用廚房紙巾擦乾淨平底鍋，倒入剩餘的沙拉油，以中火加熱，取一半分量的步驟1蛋液一口氣倒入鍋裡，讓蛋液鋪滿整個鍋底。蛋皮表面變鬆軟後，取一半分量的步驟2食材放在蛋皮中間（條狀擺放），將兩側的蛋皮往中間摺，翻面置於盤子上，然後澆淋番茄醬。以相同方式再製作一份。

主菜 雞蛋＋馬鈴薯

添加馬鈴薯增添飽足感！

搭配 ＋ Potato

香氣宜人的梅子搭配芝麻，充滿濃郁日式風味

梅子口味墨西哥薄餅

短時 約15Min ｜ 可冷藏保存 約1～2天

材料（2人份）
雞蛋……………………………3顆
馬鈴薯………1中顆（約120g）
梅乾……………………………2顆
紫蘇（家裡有的話）………3～4片
白芝麻粉………………1又1/2大匙
沙拉油…………………………1大匙

POINT 雞蛋容易燒焦，所以要小火慢煎。

製作方法

1 馬鈴薯削皮後切成8等分，浸泡於水裡，稍微瀝乾後排在耐熱盤子裡。鬆鬆地覆蓋保鮮膜，放入微波爐（600W）中加熱3分30秒。趁熱用叉子迅速搗碎馬鈴薯。

2 梅乾去籽後切小片，紫蘇也撕成小片。將梅乾和紫蘇倒入打散的蛋液中，將芝麻和步驟1食材也倒入蛋液中。

3 取一只直徑18～20cm的平底鍋，倒入沙拉油後以中火加熱，將步驟2的食材一口氣倒入平底鍋裡並快速翻攪。邊緣開始凝固變硬時轉為小火。食材表面乾燥後，上下翻面，繼續煎1分鐘後盛裝於盤子裡。分切成容易入口的大小。

主菜 雞蛋＋馬鈴薯

用微波爐輕鬆製作，不需要搗碎的馬鈴薯沙拉

蒜香馬鈴薯蛋沙拉

超短時 約10Min

材料（2人份）
雞蛋……………………1顆
馬鈴薯…2中～大顆（約300g）
A ┌ 美乃滋・牛奶……各1大匙
　│ 蒜泥（管裝）……2cm分量
　└ 鹽、胡椒…………各少許

製作方法

1. 將雞蛋打入耐熱攪拌盆中，充分打散成蛋液，鬆鬆地覆蓋保鮮膜，放入微波爐（600W）中加熱1分鐘。趁熱用叉子將雞蛋搗碎，稍微置涼後和A食材混拌在一起。

2. 馬鈴薯削皮並切成1cm寬的半月形，浸泡於水裡後瀝乾。放入耐熱攪拌盆中，鬆鬆地覆蓋保鮮膜，放入微波爐（600W）中，加熱4分鐘。

3. 將步驟2食材盛裝於器皿中，最後澆淋步驟1的食材就完成了。

使用番茄罐，快速完成一道菜餚！

番茄馬鈴薯佐水波蛋

短時 約15Min

材料（2人份）
雞蛋……………………2顆
馬鈴薯…………………1中顆
切丁番茄罐……………1/3罐
橄欖油…………………1大匙
水………………………1/2杯
顆粒高湯粉……………1/2小匙
鹽・胡椒・砂糖………各少許

製作方法

1. 馬鈴薯削皮後切成1cm丁狀。

2. 取一只小的平底鍋，倒入橄欖油和馬鈴薯，以中火快速炒一下。倒入水和顆粒高湯粉烹煮，煮沸後蓋上鍋蓋，轉為小火燜煮4～5分鐘。倒入切丁番茄罐，繼續烹煮3分鐘，加鹽、胡椒、砂糖調整味道。

3. 在步驟2的食材中挖2個凹洞，將雞蛋打在凹洞裡，蓋上鍋蓋並以小火烹煮2～3分鐘。

POINT 將馬鈴薯切丁會比較快熟。

主菜 雞蛋＋豆芽菜

搭配＋ Bean sprouts

蛋炒豆芽菜納豆

使用冷藏室裡常見的3種食材，完成美味家常菜

超短時 約10Min

材料（2人份）

雞蛋	2顆
豆芽菜	1袋
納豆	1盒
沙拉油	1大匙
烤肉醬	2大匙
鹽・胡椒	各少許

製作方法

1. 雞蛋打散成蛋液，加鹽和胡椒混拌均勻。將烤肉醬和納豆攪拌均勻備用。
2. 平底鍋裡倒入一半分量的沙拉油，以中火加熱，然後倒入步驟1的蛋液翻攪一下。雞蛋變鬆軟熟透後取出。
3. 將剩餘的沙拉油倒入平底鍋裡，放入步驟1的納豆，以中小火快速炒一下。放入豆芽菜並轉為中大火拌炒30秒左右，將步驟2的食材倒回鍋裡，快速混拌均勻。

豆芽菜鮪魚起司蛋

用鮪魚、起司和醬汁增添濃郁風味

超短時 約10Min

材料（2人份）

雞蛋	2顆
豆芽菜	1/2袋
鮪魚罐（油漬）	1罐（70g）
沙拉油	1小匙
披薩用起司	40g
中濃醬汁	1大匙
顆粒高湯粉	1/2小匙
粗研磨黑胡椒	少許

製作方法

1. 雞蛋打散成蛋液，放入起司混拌均勻。將鮪魚罐的湯汁瀝乾備用。
2. 平底鍋裡倒入沙拉油，以中小火炒鮪魚，接著倒入中濃醬汁、豆芽菜，撒些顆粒高湯粉並快速拌炒均勻。
3. 以繞圈方式倒入蛋液，稍微翻攪一下後蓋上鍋蓋，以小火燜煮2分鐘。最後撒些黑胡椒即可上桌。

中式滑蛋豆芽菜

芝麻油和生薑的香氣是提升美味層次的祕訣

超短時 約10Min

材料（2人份）

雞蛋	2顆
豆芽菜	1/2袋
豬五花薄切肉片	80g
芝麻油	1/2大匙
鹽・胡椒	各少許
A 水	1/3杯
顆粒雞湯粉	1小匙
薑泥（管裝）	2〜3cm分量
白芝麻粉	少許

製作方法

1. 雞蛋打散成蛋液，加鹽和胡椒攪拌均勻。豬肉切成3cm長。
2. 平底鍋裡倒入芝麻油，以中火煸炒豬肉。豬肉上色後倒入 A 食材和豆芽菜，烹煮2分鐘。
3. 轉為中大火後，以繞圈方式倒入步驟1的蛋液，雞蛋變鬆軟且熟透後關火，盛裝於器皿中，最後撒些芝麻即可上桌。

主菜 雞蛋＋蕈菇

簡單到想吃就能立即完成的一道菜餚！

+ 搭配 Mushroom

品味蕈菇鮮甜美味的簡單食材

平底鍋版茶碗蒸

材料（2人份）

雞蛋	1顆
鴻喜菇	1/4盒
金針菇	1/4袋
A 冷高湯	1杯
清酒・醬油	1/2小匙
鹽	1/4小匙

POINT 用篩網過濾蛋液，蒸蛋口感更滑順。

製作方法

1 將雞蛋打散在攪拌盆中，以料理用長筷像是切開蛋清般攪拌，但不要過度用力，避免產生氣泡。加入 A 食材後略微攪拌一下，使用篩網過濾後備用。

2 取2個耐熱器皿（要能夠同時放入平底鍋裡的大小），各自放入切除底部並切小段的鴻喜菇和金針菇。然後輕輕倒入步驟 1 的蛋液，為避免起泡，一次倒入一半分量就好，分次將所有蛋液平均倒入2個器皿中。

3 平底鍋裡注入約3cm高度的水（分量外），先以大火加熱，沸騰後關火，小心將步驟 2 的2個器皿放入平底鍋中。蓋上鍋蓋後以大火烹煮1分鐘，然後轉為小火燜煮10分鐘。以竹籤刺刺看，如果流出透明汁液，代表可以關火取出了。

主菜 雞蛋＋蕈菇

既能直接享用，也能搭配烏龍麵或拉麵食用

昆布麵汁醃漬水煮蛋蕈菇

🔲 可冷藏保存 約2～3天

材料（2人份）
- 水煮蛋 ……………………… 2顆
- 杏鮑菇 ……………………… 1大根
- 金針菇 ……………………… 1/2袋（50g）
- 鴻喜菇 ……………………… 1/2盒（50g）
- A ┌ 水 ………………………… 2/3杯
    └ 昆布麵汁 ………………… 3大匙

製作方法

1. 取一只較大的攪拌盆，將 A 食材倒入盆中混拌均勻。

2. 縱向對半切開杏鮑菇，斜切成薄片，切掉金針菇底部切成3cm長。切掉鴻喜菇底部並撥散。將蕈菇倒入耐熱攪拌盆中，鬆鬆地覆蓋保鮮膜，放入微波爐（600W）加熱2分鐘。取出後倒掉盆內汁液。

3. 將步驟 2 的食材和水煮蛋放入步驟 1 的攪拌盆中，靜置1小時左右讓食材充分入味。

蕈菇的鮮甜美味堪稱絕品！適合作為便當配菜！

蕈菇厚蛋燒

🍳 短時 約15Min　可冷藏保存 約1～2天

材料（2人份）
- 雞蛋 ………………………… 4顆
- 金針菇 ……………………… 1/3袋
- 舞菇 ………………………… 1/3盒
- 沙拉油 ……………………… 適量
- 昆布麵汁（3倍濃縮）… 1/2大匙
- A ┌ 砂糖 ……………………… 1大匙
    │ 味醂 ……………………… 1/2大匙
    │ 醬油 ……………………… 1小匙
    └ 鹽 ………………………… 少許

製作方法

1. 切掉金針菇底部並切成2～3cm長。將舞菇切成細絲。在玉子燒鍋裡倒入1小匙沙拉油，放入金針菇和舞菇，以中火拌炒，接著倒入昆布麵汁快速翻炒一下後取出。

2. 雞蛋打散成蛋液，加入 A 食材和步驟 1 的食材混拌均勻。

3. 將玉子燒鍋擦乾淨，倒入少許沙拉油加熱，用紙巾吸取多餘的沙拉油，再取1/3分量的步驟 2 食材倒入鍋裡，呈半熟狀態時摺三折移至最遠端。再抹上薄薄一層沙拉油，從剩餘的 2 中取一半分量倒入鍋裡並鋪平於整個鍋底，並從最遠端將蛋捲朝身體方向捲過來。同樣方式再操作一遍，取出後置於紙巾上，用紙巾包覆並調整形狀。靜置一旁放涼，然後切成容易入口的大小。

Part 2

用12種食材烹煮
副菜

單用1種食材就能完成！
或者
搭配數種食材組合成副菜！

在冷藏室裡滾來滾去的馬鈴薯、紅蘿蔔、蕈菇……等等。
只需要一種剩餘蔬菜，便能立即做出一道美味副菜！
您所需要的「再來一道副菜」的食譜，全部都在這裡。

副菜 番茄

高湯完全滲透至食材中，讓人一吃就上癮的美味
高湯燉番茄

超短時 約10Min　**可冷藏保存** 約2～3天

材料（2人份）

番茄……………………………… 4小顆
A ┌ 高湯 ………………… 1又1/2杯
　├ 醬油 ………………… 1/2大匙
　└ 鹽 …………………… 1/4小匙

製作方法

1. 番茄去蒂後在表面劃十字切口，用熱水（分量外）汆燙30秒左右。浸泡在冷水中，然後去皮。

2. 將 A 食材放入鍋裡，以中火烹煮至沸騰，接著放入番茄並轉為小火烹煮3分鐘。關火後靜置放涼。

POINT 放入冰箱冷藏室冰鎮也十分美味。

依個人喜好增減顆粒芥末醬用量！
番茄拌起司芥末

超短時 約10Min

材料（2人份）

番茄……………………………… 1大顆
A ┌ 橄欖油 ………………… 1大匙
　└ 顆粒芥末醬 …………… 1小匙
起司粉 …………………………… 1/2大匙

製作方法

番茄切成一口大小的滾刀塊。將 A 食材倒入攪拌盆中拌勻，接著放入番茄拌合均勻。盛裝於器皿中，最後撒些起司粉就完成了。

副菜 番茄

帶有清爽的檸檬酸味與香氣！
番茄佐蜂蜜檸檬美乃滋

超短時 約10Min

材料（2人份）

番茄	1大顆
A 美乃滋	1又½大匙
檸檬汁	1小匙
蜂蜜	1小匙
粗研磨黑胡椒	少許

製作方法

番茄切成6～7mm厚度的半月形後盛裝於器皿中，然後澆淋混拌均勻的 **A** 食材。最後撒上黑胡椒就完成了。

大蒜炒番茄，更添鮮美好滋味！
辣炒番茄

超短時 約10Min

材料（2人份）

番茄	2中顆
橄欖油	1大匙
大蒜	1瓣
紅辣椒	1根
鹽	¼小匙
粗研磨黑胡椒	適量

製作方法

1. 番茄切成瓣狀。大蒜切粗粒，紅辣椒切成一小口大小。
2. 平底鍋裡倒入橄欖油和紅辣椒、大蒜，以中火爆香，飄出蒜香後放入番茄。快速拌炒後以鹽和黑胡椒調整味道。

POINT 家裡有蒜頭的話，香氣和味道會更濃厚。沒有的話，也可以使用適量的蒜泥（管裝）取代。

甜辣味噌搭配芝麻香氣，讓人一吃就停不下來！
番茄佐韓式辣椒醬

超短時 約10Min ｜ 可冷藏保存 約1～2天

材料（2人份）

番茄	1大顆
A 芝麻油	½大匙
醬油	2小匙
韓式辣椒醬・砂糖	各1小匙

製作方法

番茄切成一口大小的滾刀塊。將 **A** 食材放入攪拌盆中拌勻，接著放入番茄拌合均勻。

副菜 青花菜

青花菜炒滑蛋

雞蛋不要煮得過熟，保留鬆軟滑嫩口感

超短時 約10Min

材料（2人份）
青花菜 …………… 1/2株（約120g）
雞蛋 ………………………………… 2顆
沙拉油 …………………………… 1/2大匙
A ┌ 美乃滋・牛奶 ……… 各1大匙
粗研磨黑胡椒 …………………… 少許

製作方法

1. 青花菜分切成小瓣，菜梗部分也切成容易入口的大小，雞蛋打散成蛋液，加入A食材並充分攪拌均勻。

2. 將青花菜放入耐熱容器中，鬆鬆地覆蓋保鮮膜，放入微波爐（600W）中加熱2分鐘後盛裝於器皿中。

3. 平底鍋裡倒入沙拉油加熱，將步驟1的蛋液一口氣倒入鍋裡，蛋液變鬆軟且熟了之後立即關火。倒在步驟2的食材上，撒些黑胡椒即可上桌。

簡單涼拌青花菜

豆腐拌合美乃滋，口感溫潤滑順

超短時 約10Min

材料（2人份）
青花菜 …………… 1/2株（約120g）
木綿豆腐 ………………………… 1/3塊
A ┌ 美乃滋・白芝麻粉
│　　……………………… 各1大匙
│ 砂糖 ……………………… 1小匙
└ 醬油 ……………………… 1/2小匙

製作方法

1. 青花菜分切成小瓣，菜梗部分也切成容易入口的大小。用廚房紙巾包住豆腐，瀝乾水氣備用。

2. 將分切好的青花菜放入耐熱容器中，鬆鬆地覆蓋保鮮膜，放入微波爐（600W）中加熱2分鐘。

3. 將豆腐放入攪拌盆中，搗碎後加入A食材並充分攪拌均勻，接著放入青花菜拌合均勻後即可上桌。

副菜 青花菜

黑胡椒增添風味
胡椒起司青花菜

超短時 約10Min ｜ 可冷藏保存 約1～2天

材料（2人份）

青花菜 …………… 1/2株（約120g）

A ┌ 美乃滋 ………………… 1大匙
　├ 起司粉 ………………… 1/2大匙
　├ 橄欖油 ………………… 1小匙
　└ 粗研磨黑胡椒 ………… 1/3小匙

製作方法

1. 青花菜分切成小瓣，菜梗切成容易入口的大小。將 A 食材混拌均勻備用。
2. 將分切好的青花菜放入耐熱容器中，鬆鬆地覆蓋保鮮膜，放入微波爐（600W）中加熱3分鐘。取出後瀝乾水分。倒入 A 食材拌合均勻後即可上桌。

和海苔、芝麻油一起微波加熱即可
醬油拌海苔青花菜

超短時 約10Min ｜ 可冷藏保存 約1～2天

材料（2人份）

青花菜 …………… 1/2株（約120g）
烤海苔（19×21cm）………… 1片
芝麻油 …………………………… 1大匙
A ［ 味醂・醬油 ………… 各1大匙

製作方法

1. 青花菜分切成小瓣，菜梗切成容易入口的大小。
2. 將海苔片撕碎並放入耐熱攪拌盆中，放入 A 食材混拌均勻。將步驟1的食材鋪在海苔上並澆淋芝麻油。輕輕覆蓋保鮮膜，放入微波爐（600W）中加熱2分鐘，混拌均勻就完成了。

放在冷藏室冰鎮後也十分美味
日式燉煮青花菜

超短時 約10Min ｜ 可冷藏保存 約1～2天

材料（2人份）

青花菜 ………………………… 1/2株
A ┌ 水 …………………………… 1/2杯
　└ 白高湯 ……………… 1又1/3大匙

製作方法

1. 青花菜分切成小瓣，菜梗切成容易入口的大小。
2. 取一只小鍋，放入 A 食材加熱，煮沸後放入步驟1的食材並繼續烹煮3分30秒就完成了。

副菜 高麗菜

可單獨作為副菜，也可以搭配肉類一起炒！

蒜香奶油炒高麗菜

超短時 約10Min

材料（2人份）
高麗菜 ………………………… 1/2顆
奶油 ………………………… 1又1/2大匙
蒜泥（管裝） ………… 4cm分量

製作方法

1. 高麗菜切成4等分瓣狀。
2. 平底鍋裡倒入奶油和蒜泥，以中火爆香，接著放入高麗菜，轉為小火煎至兩面上色，每一面約煎2～3分鐘。

適合作為轉換味蕾的小菜

甜味噌芝麻拌高麗菜

超短時 約10Min　可冷藏保存 約1～2天

材料（2人份）
高麗菜 ……… 3大片（約230g）

A ┌ 酒精揮發的味醂※
　│ ………………… 1又1/2大匙
　│ 味噌・白芝麻粉 …… 各1大匙
　└ 砂糖 ………………… 1小匙

※「酒精揮發的味醂」製作方法：將味醂倒入耐熱容器中，不覆蓋保鮮膜直接放入微波爐（600W）中加熱20秒。

製作方法

1. 高麗菜切小塊。將A食材混拌均勻備用。
2. 將高麗菜放入耐熱容器中，鬆鬆地覆蓋保鮮膜，放入微波爐（600W）中加熱1分鐘。加入A食材，用手輕輕揉搓高麗菜拌合均勻。

副菜 高麗菜

只需要鹽和芝麻油，簡單又美味！
鹽漬高麗菜

| 超短時 約10Min | 可冷藏保存 約2～3天 |

材料（2人份）
高麗菜 ……………… 3大片
鹽 …………………… 1/3小匙
A ┌ 芝麻油 ………… 1又1/2大匙
　└ 鹽 ……………… 1/2小匙

製作方法
高麗菜切粗絲狀，撒鹽並揉搓均勻。高麗菜變軟後，輕輕擰乾去除水分，加入 A 食材拌合均勻即可上桌。

用生薑烹煮會更加美味
薑汁高麗菜

| 超短時 約10Min | 可冷藏保存 約1～2天 |

材料（2人份）
高麗菜 ……………… 3大片
A ┌ 水 ……………… 1/2杯
　│ 昆布麵汁（3倍濃縮）
　│ ………………… 1大匙
　│ 生薑（切絲）
　└ ……約拇指1截大小的用量

製作方法
1. 高麗菜切成3～4cm塊狀。
2. 將 A 食材放入小鍋裡，煮沸後放入步驟 1 的食材，烹煮2～3分鐘。靜置讓食材充分入味。

可以作為小菜，也可以配飯吃。簡單快速又美味
辣炒高麗菜

| 超短時 約10Min | 可冷藏保存 約2～3天 |

材料（2人份）
高麗菜 ……………… 1大片
沙拉油 ……………… 1小匙
鹽 …………………… 1/3小匙
純辣椒粉 …………… 少許

製作方法
1. 高麗菜切成3cm塊狀。
2. 平底鍋裡倒入沙拉油，以中火加熱煸炒高麗菜。高麗菜變軟後，撒些鹽和純辣椒粉拌炒均勻。

配菜 紅蘿蔔

紅蘿蔔絲充分浸泡在醃漬液中！

醃漬紅蘿蔔

超短時 約10Min　可冷藏保存 約3～4天

材料（2人份）

紅蘿蔔	1中根
A 醋	2又1/2大匙
橄欖油	1又1/2大匙
砂糖・鹽	各1/2小匙
胡椒	少許

製作方法

1. 紅蘿蔔打成泥，約2大匙分量。剩下的紅蘿蔔切絲並放入攪拌盆中，撒入少量的鹽（分量外），靜置後充分搓揉，然後確實瀝乾水分。

2. 取另外一只攪拌盆，放入 A 食材攪拌均勻，接著放入步驟 1 的食材混拌均勻，讓食材充分入味。

美味蔬菜的韓式風味煎餅

韓式風味蘿蔔煎餅

短時 約15Min

材料（2人份）

紅蘿蔔	1/2中根
蛋液	1/2顆分量
芝麻油	1大匙
鹽	少許
低筋麵粉	適量
韓式辣椒醬・白芝麻粉	各少許

製作方法

1. 將紅蘿蔔切成5～6mm厚度的圓形片狀。蛋液裡加鹽拌勻備用。

2. 平底鍋裡倒入芝麻油，以小火加熱。然後依序在紅蘿蔔絲上撒低筋麵粉，沾裹步驟 1 的蛋液，然後排放在平底鍋裡。熱煎3～4分鐘後上下翻面，盛裝於盤子裡，在每片紅蘿蔔上澆淋韓式辣椒醬和芝麻。

配菜 紅蘿蔔

搭配肉類也可以微波加熱，迅速上桌！
微波糖裹紅蘿蔔

超短時 約10Min ｜ 可冷藏保存 約2～3天

材料（2人份）
紅蘿蔔 …………1中根（150g）
奶油・砂糖 ………… 各1大匙

製作方法
紅蘿蔔切成一口大小的滾刀塊，盛裝於耐熱容器中，然後倒入奶油和砂糖。鬆鬆地覆蓋保鮮膜，放入微波爐（600W）中加熱4分30秒～5分鐘，取出後稍微靜置放涼。

紅蘿蔔甜味和芥末超級對味！適合作為便當配菜
芥末紅蘿蔔

超短時 約10Min ｜ 可冷藏保存 約2～3天

材料（2人份）
紅蘿蔔 ……… 1/2中根（約80g）
水 ………………………… 1大匙
A ┌ 酒精揮發的味醂※ …… 1/2大匙
  └ 醬油・黃芥末醬 …… 各1小匙

※「酒精揮發的味醂」製作方法：將味醂倒入耐熱容器中，不覆蓋保鮮膜直接放入微波爐（600W）中加熱10秒。

製作方法
紅蘿蔔縱向對半切開，然後斜切成薄片。放入耐熱攪拌盆中，加水後鬆鬆地覆蓋保鮮膜，放入微波爐（600W）中加熱3分鐘。瀝乾水分後，加入 A 食材拌合均勻。

1根紅蘿蔔完成一道令人印象深刻的副菜
咖哩美乃滋炒紅蘿蔔

超短時 約10Min ｜ 可冷藏保存 約2～3天

材料（2人份）
紅蘿蔔 …………………… 1小根
沙拉油 …………………… 1大匙
美乃滋 …………………… 2大匙
鹽 ………………………… 少許
A ┌ 咖哩粉 ……………… 2小匙
  └ 顆粒高湯粉 ………… 1/2小匙

製作方法
1. 紅蘿蔔切成粗絲狀備用。
2. 平底鍋裡倒入沙拉油，以中火加熱煸炒紅蘿蔔，紅蘿蔔稍微變軟後加入 A 食材一起拌炒。接著倒入美乃滋拌炒均勻，最後再以鹽調整味道。

配菜 洋蔥

清爽微辣，作為醬料也非常合適

芝麻檸檬拌洋蔥

超短時 約10Min ｜ 可冷藏保存 約2～3天

材料（2人份）
洋蔥	1顆
鹽	1/3小匙
A	橄欖油 2又1/2大匙
	檸檬汁 2大匙
	砂糖 1小匙
	鹽 1/2小匙
	胡椒 少許
	白芝麻粉 1～1又1/2大匙

製作方法
1. 洋蔥切成薄片並撒些鹽，變軟後浸泡於水裡2～3分鐘，然後確實瀝乾水分備用。
2. 將 A 倒入攪拌盆中拌勻，放入步驟 1 的食材拌合均勻就完成了。

只用洋蔥做出一道令人滿足的菜餚！

微波白高湯洋蔥

超短時 約10Min ｜ 可冷藏保存 約2～3天

材料（2人份）
洋蔥	1顆（約200g）
水	1/3杯
白高湯	1又1/2大匙
青海苔粉（家裡有的話）	少許

製作方法
1. 洋蔥切成4等分瓣狀。
2. 耐熱攪拌盆裡放入水、白高湯和步驟 1 的食材，鬆鬆地覆蓋保鮮膜，放入微波爐（600W）中加熱4分鐘。稍微靜置放涼後盛裝於器皿中，家裡有青海苔粉的話，可以撒一些增添風味。

配菜 洋蔥

吃一次就上癮的美味！
洋蔥佐蒜香辣椒橄欖油

超短時 約10Min

材料（2人份）
洋蔥……………………1顆
橄欖油…………………1大匙
大蒜……………………1瓣
紅辣椒…………………2根
鹽………………………1小匙
粗研磨黑胡椒…………少許

製作方法
1. 洋蔥切成1cm寬，大蒜切成蒜末，紅辣椒切小塊。
2. 平底鍋裡倒入大蒜、紅辣椒和橄欖油，加熱爆香，飄出香氣後放入洋蔥，以中火拌炒，洋蔥稍微變軟後，加鹽和黑胡椒拌炒均勻。

以甜醋拌合微波加熱的洋蔥
柴魚醋漬洋蔥

超短時 約10Min ／ 可冷藏保存 約2～3天

材料（2人份）
洋蔥……………1顆（約200g）
A ┌ 醋………………………1/3杯
　├ 酒精揮發的味醂※……2大匙
　└ 砂糖……………………1大匙
柴魚片……………1袋（4～5g）

※「酒精揮發的味醂」製作方法：將味醂倒入耐熱容器中，不覆蓋保鮮膜直接放入微波爐（600W）中加熱30秒。

製作方法
洋蔥切成8等分瓣狀，放入耐熱攪拌盆中，鬆鬆地覆蓋保鮮膜，放入微波爐（600W）中加熱2分鐘。取出後瀝乾水分，然後加入 A 食材混拌均勻，靜置讓食材入味，最後拌入柴魚片就完成了。

烹煮至軟爛的洋蔥充滿樸實美味
甘醇醬油煮洋蔥

超短時 約10Min ／ 可冷藏保存 約2～3天

材料（2人份）
洋蔥……………………1顆
水………………………2/3杯
A ┌ 醬油………………1又1/2大匙
　├ 味醂…………………1/2大匙
　└ 砂糖…………………2小匙

製作方法
1. 洋蔥切成8等分瓣狀，稍微撥散後備用。
2. 鍋裡倒入水和洋蔥，加熱煮沸後依序倒入 A 食材，以中火加熱並蓋上小鍋蓋烹煮4～5分鐘就完成了。

119

副菜 馬鈴薯

煎至酥脆的馬鈴薯充滿濃郁香氣！

法式馬鈴薯鹹可麗餅

短時 約15Min

材料（2人份）

馬鈴薯	1中顆
沙拉油	1大匙
低筋麵粉	2大匙
水	1大匙
鹽	1/3小匙

製作方法

1. 馬鈴薯削皮後切成非常細的細絲狀（也可以使用刨絲器）。

2. 攪拌盆裡倒入步驟1的食材、鹽、低筋麵粉和水，充分攪拌均勻。

3. 平底鍋裡倒入沙拉油，以中小火加熱，一次取一半分量的步驟2食材，鋪滿整個鍋底，熱煎5分鐘後上下翻面，再煎5分鐘左右。

POINT 馬鈴薯不需要事先浸泡在水裡，澱粉成分有助於塑形。

一次享用青海苔粉和紫蘇粉的雙重風味

日式炸薯條

超短時 約10Min

材料（2人份）

馬鈴薯	2中顆
炸物用油	適量
鹽	1/2小匙
青海苔粉・紫蘇粉	各1小匙

製作方法

1. 馬鈴薯清洗乾淨，連皮切成略粗的條狀。

2. 平底鍋裡倒入炸物用油，低溫加熱（約160度C），放入馬鈴薯後邊油炸邊攪拌約4～5分鐘。內部熟透後轉為中大火，油炸至酥脆。瀝乾油後撒鹽，一半撒些青海苔粉，另外一半則撒些紫蘇粉。

副菜 馬鈴薯

刺鼻的山葵令人回味無窮！
微波馬鈴薯佐山葵醬油

超短時 約10Min ／ 可冷藏保存 約2〜3天

材料（2人份）

馬鈴薯 ……… 1大顆（約170g）

A ─ 醬油 …………… 2/3〜1大匙
　　山葵（管裝）
　　……………… 3〜4cm分量

製作方法

1. 馬鈴薯削皮後切成7〜8mm厚度扇形，稍微泡一下水後瀝乾。將A食材混拌均勻，讓山葵和醬油融合在一起。

2. 將馬鈴薯放入耐熱攪拌盆中，鬆鬆地覆蓋保鮮膜，放入微波爐（600W）中加熱5分鐘。靜置放涼，稍微冷卻後加入A食材並混拌均勻。

只需要微波加熱就能打造濕潤滑順口感！
微波馬鈴薯泥

短時 約15Min ／ 可冷藏保存 約2〜3天

材料（2人份）

馬鈴薯 ……… 2中顆（約240g）
奶油 ………………………… 1大匙
牛奶 ………………………… 1/3杯
鹽・胡椒 ………………… 各少許

製作方法

1. 馬鈴薯削皮後切成1cm厚度扇形，稍微泡一下水後瀝乾。

2. 將馬鈴薯放入耐熱攪拌盆中，鬆鬆地覆蓋保鮮膜，放入微波爐（600W）中加熱4分30秒〜5分鐘，充分加熱至馬鈴薯變軟。

3. 用叉子背面搗碎步驟2的食材，放入奶油後混拌均勻。分次倒入牛奶並攪拌均勻，接著加鹽和胡椒混拌均勻。不需要覆蓋保鮮膜，直接放入微波爐（600W）中加熱40秒，取出後充分攪拌至柔軟蓬鬆。

適合作為副菜、配料或下酒菜！
蒜香馬鈴薯

超短時 約10Min

材料（2人份）

馬鈴薯 …………………… 2中顆
沙拉油 …………………… 2大匙
蒜泥（管裝）…… 4〜5cm分量
鹽 ………………………… 1/3小匙

製作方法

1. 將馬鈴薯清洗乾淨，連皮切成7〜8mm厚度的半月形（太大的話切成扇形）。

2. 平底鍋裡倒入沙拉油和大蒜，以中小火加熱後放入馬鈴薯。油煎2〜3分鐘後取出，立即撒些鹽後即可上桌。

POINT 家裡如果有新鮮蒜頭，取2小瓣切末，整體香氣會更濃郁。

121

副菜 豆芽菜

可以作為小菜，也適合取代沙拉作為開胃菜！

中式涼拌豆芽菜

超短時 約10Min｜可冷藏保存 約2～3天

材料（2人份）
豆芽菜 …………1袋（約200g）
A
├ 醋………………………2又1/2大匙
├ 芝麻油・沙拉油……各1大匙
├ 醬油……………………2/3大匙
├ 砂糖……………………1/2小匙
└ 薑泥（管裝）………少量
白芝麻粉…………………適量

製作方法

1 將豆芽菜放入耐熱容器中，鬆鬆地覆蓋保鮮膜，放入微波爐（600W）中加熱2分30秒。確實瀝乾水分。

2 將步驟1的食材放入混拌均勻的A食材中，盛裝於器皿中再撒些芝麻就完成了。

在經典韓式涼拌小菜中添加烤海苔，香氣更濃郁

涼拌海苔豆芽菜

超短時 約10Min｜可冷藏保存 約1～2天

材料（2人份）
豆芽菜 …………1袋（約200g）
烤海苔（21×19公分）……1/2片
A
├ 白芝麻粉・芝麻油
│ ……………………各1/2大匙
├ 鹽………………………1/4小匙
└ 蒜泥（管裝）
   ………………4～5cm分量

製作方法

1 將豆芽菜放入耐熱容器中，鬆鬆地覆蓋保鮮膜，放入微波爐（600W）中加熱2分30秒。確實瀝乾水分。

2 加入A食材混拌均勻，接著放入撕成碎片的海苔攪拌在一起就完成了。

副菜 豆芽菜

濃郁調味非常適合豆芽菜！

咖哩醬炒豆芽菜

超短時 約10Min

材料（2人份）

豆芽菜	1袋
沙拉油	½大匙
A ┌ 清酒	2大匙
｜ 中濃醬汁	1大匙
｜ 咖哩粉	1小匙
｜ 顆粒高湯粉	½小匙
└ 鹽	⅓小匙

製作方法

1. 將 **A** 食材混拌均勻備用。
2. 平底鍋裡倒入沙拉油加熱，放入豆芽菜炒2分鐘左右。接著放入 **A** 食材，快速拌炒均勻。

辛辣味具畫龍點睛的效果！

辣炒豆芽菜

超短時 約10Min ／ 可冷藏保存 約1～2天

材料（2人份）

豆芽菜	1袋（約200g）
鹽	⅓小匙
純辣椒粉	1小匙

製作方法

1. 將豆芽菜放入耐熱容器中，鬆鬆地覆蓋保鮮膜，放入微波爐（600W）中加熱2分30秒。確實瀝乾水分。
2. 將鹽和純辣椒粉撒在步驟 **1** 的食材上，混拌均勻就完成了。

美乃滋和芝麻油的多層次感也非常適合搭配豆芽菜

蒜香美乃滋拌豆芽菜

超短時 約10Min ／ 可冷藏保存 約1～2天

材料（2人份）

豆芽菜	1袋（約200g）
A ┌ 美乃滋	2大匙
｜ 芝麻油	½小匙
└ 蒜泥（管裝）	4～5cm分量

製作方法

1. 將豆芽菜放入耐熱容器中，鬆鬆地覆蓋保鮮膜，放入微波爐（600W）中加熱2分30秒。確實瀝乾水分。
2. 加入 **A** 食材並充分混拌均勻。

副菜 蕈菇

使用白高湯和芝麻油，簡單又美味的佳餚！

芝麻拌金針菇

超短時 約10Min ｜ 可冷藏保存 約2～3天

材料（2人份）

金針菇 …………1大袋（200g）

A ┌ 水……………………………3大匙
　├ 白高湯………………………2大匙
　├ 白芝麻粉 …… 1～1又1/2大匙
　└ 芝麻油……………………1/2小匙

製作方法

1. 切除金針菇底部並切成3～4等分，放入耐熱攪拌盆中，鬆鬆地覆蓋保鮮膜，放入微波爐（600W）中加熱2分鐘。確實瀝乾水分。

2. 將A食材放入步驟1的食材中混拌均勻。

多做一些，方便隨時享用

醃蕈菇

超短時 約10Min ｜ 可冷藏保存 約3～4天

材料（2人份）

金針菇・鴻喜菇・舞菇
………… 各1/2盒（50g）

A ┌ 醋……………………………3大匙
　├ 橄欖油………………………2大匙
　├ 顆粒芥末醬…………………1小匙
　├ 鹽…………………………1/3小匙
　└ 砂糖………………………1/2小匙

製作方法

1. 切掉鴻喜菇底部並撥散。切掉金針菇底部後對半切成2等分。將舞菇撥開成小朵。A食材混拌均勻備用。

2. 將步驟1的蕈菇放入耐熱攪拌盆中，鬆鬆地覆蓋保鮮膜，放入微波爐（600W）中加熱2分鐘。確實瀝乾水分。

3. 趁步驟2的食材溫熱時，浸漬在A食材中，讓蕈菇確實入味。

副菜 蕈菇

柚子醬油煮舞菇

只用柚子醋醬油調味

超短時 約10Min

材料（2人份）
舞菇 …………………… 1盒
芝麻油 ………… 1/2大匙（100g）
紅辣椒 …………………… 1/2根
柚子醋醬油 ………… 2又1/2大匙

製作方法
1. 將舞菇撥開成大朵，紅辣椒切小塊。
2. 平底鍋裡倒入芝麻油，以中火加熱爆香紅辣椒，拌炒時注意不要燒焦，接著倒入舞菇快速拌炒一下。以繞圈方式倒入柚子醋醬油，快速拌炒至汁液收乾。

醬煮綜合蕈菇

以濃郁醬汁烹煮3種蕈菇的小菜

短時 約15Min　可冷藏保存 約3～4天

材料（2人份）
鴻喜菇・杏鮑菇・金針菇
　……………………… 各1盒
芝麻油 …………………… 1/2大匙
高湯 ……………………… 1/2杯
砂糖・味醂 …………… 各1大匙
醬油 …………………… 2又1/2大匙
花椒粉（家裡有的話） …… 少許

製作方法
1. 切除鴻喜菇底部並撥散。杏鮑菇切成容易入口的大小。切除金針菇底部並切成3等分。
2. 平底鍋裡倒入芝麻油，以中火加熱快速拌炒步驟1的食材。所有食材都裹上芝麻油後倒入高湯，接著依序倒入砂糖、味醂、醬油，烹煮10～15分鐘。盛裝於器皿中，若家裡有花椒粉則可以撒一些增添風味。

蕈菇佐鮪魚檸檬美乃滋醬

樸實無華的蕈菇澆淋鮪魚美乃滋

超短時 約10Min　可冷藏保存 約1～2天

材料（2人份）
杏鮑菇・鴻喜菇・舞菇
　………………… 各1盒（100g）
鮪魚罐（油漬）…… 1罐（70g）
A ┌ 美乃滋 …………………… 1大匙
　│ 檸檬汁 ……………… 1又1/2大匙
　│ 醬油 ……………………… 1小匙
　└ 砂糖 ……………………… 1/2小匙

製作方法
1. 將杏鮑菇切成容易入口的大小。切除鴻喜菇底部並撥散。將舞菇撥開成小朵。瀝乾鮪魚罐的汁液，和A食材混拌在一起。
2. 將步驟1的蕈菇放入耐熱攪拌盆中，鬆鬆地覆蓋保鮮膜，放入微波爐（600W）中加熱2分鐘，確實瀝乾水分。盛裝於器皿中，然後倒入步驟1的鮪魚（連同汁液）就完成了。

125

副菜　肉類

適合作為配飯的菜餚或飯團餡料
薑燒豬肉

超短時 約10Min ／ 可冷藏保存 約3～4天

材料（2～3人份）
混合不同部位切片豬肉 ……200g
生薑…………… 約拇指1截大小
A ┌ 水・清酒 …………… 各¼杯
　├ 醬油 …………… 2又½大匙
　└ 砂糖・味醂 ………… 各1大匙

製作方法
1. 豬肉切小塊。生薑切絲備用。
2. 將 A 食材放入鍋裡，煮沸後放入步驟 1 的食材。蓋上小鍋蓋，烹煮至汁液完全收乾。

POINT 家裡若有生薑，使用生薑會更美味。沒有的話，可以改用適量的薑泥（管裝）。

使用酥脆的雞皮打造獨特佳餚
柚子醋醬油拌雞皮洋蔥

超短時 約10Min

材料（2人份）
雞皮 ……………………… 1大片分量
洋蔥 ……………………………… ¼顆
柚子醋醬油 ……………………… 2大匙
鹽 ………………………………… 少許

製作方法
1. 洋蔥切成薄片，撒些鹽靜置一下，然後浸泡在水裡2分鐘左右，確實擰乾。
2. 平底鍋裡放入雞皮，以中小火熱煎3分鐘左右，煎的過程中反覆上下翻面。煎至酥脆後切成細絲狀。
3. 將步驟 1 和步驟 2 的食材混拌在一起，盛裝於器皿中，最後澆淋柚子醋醬油就完成了。

用剩餘雞肉就能快速完成一道料理！
梅子拌蒸雞肉絲

超短時 約10Min ／ 可冷藏保存 約1～2天

材料（2人份）
雞胸肉 … ½大片（150～200g）
梅乾 ……………………………… 1大顆
酒精揮發的味醂※ ……………… 1大匙
醬油 ……………………………… 1小匙
A ┌ 清酒 ……………………… ½大匙
　└ 鹽 ………………………………… 少許

※「酒精揮發的味醂」製作方法：將味醂倒入耐熱容器中，不覆蓋保鮮膜直接放入微波爐（600W）中加熱10秒。

製作方法
1. 用 A 食材充分搓揉雞肉，然後放入耐熱攪拌盆中，鬆鬆地覆蓋保鮮膜，放入微波爐（600W）中加熱3分鐘。靜置放涼，冷卻後切成容易入口的雞絲狀。
2. 梅乾去籽搗細碎。取另外一只攪拌盆，放入搗碎的梅乾和酒精揮發的味醂、醬油，混拌均勻後，將步驟 1 的食材倒進來拌合均勻即可上桌。

Part 3

用12種食材烹煮
湯品

**單用1種食材就能完成！
或者
搭配數種食材組合成
湯品！**

就算只是單煮一種蔬菜，也能熬出充滿食材鮮甜美味的湯汁或湯品。
搭配其他菜餚一起享用，不僅能控制熱量攝取，
也能帶來飽足感。豐富餐桌上的菜色，同時也能提升滿足感！

湯品 豬肉

淡淡咖哩風味增添層次感
豬肉青花菜咖哩牛奶濃湯

超短時 約10Min

材料（2人份）

混合不同部位切片豬肉	100g
青花菜	1/3株
沙拉油	1/2大匙
牛奶	1/2杯
咖哩粉	1/3小匙
A [水	2/3杯
顆粒高湯粉	1/2小匙
鹽	少許

製作方法

1. 豬肉切成容易入口的大小。青花菜分切成小瓣。
2. 鍋裡倒入沙拉油，加熱煸炒豬肉，豬肉上色後加入青花菜一起拌炒。倒入 A 食材並烹煮3分鐘左右，然後加入咖哩粉拌勻，繼續烹煮1〜2分鐘。倒入牛奶並以鹽調整味道，稍微烹煮一下即可上桌。

食材本身會釋放鮮甜美味，無需使用高湯！
番茄豬肉湯

超短時 約10Min

材料（2人份）

豬五花薄切肉片	100g
番茄	1中顆
鴻喜菇	1/2盒
沙拉油	1小匙
清酒	1大匙
水	2杯
味噌	2大匙

製作方法

1. 豬肉切成1cm寬。番茄切成一口大小。切掉鴻喜菇底部並撥散。
2. 鍋裡倒入沙拉油加熱煸炒豬肉，豬肉上色後倒入番茄和鴻喜菇拌炒一下。倒入清酒後蓋上鍋蓋，轉為小火燜煮2〜3分鐘，然後加水再稍微烹煮一下，最後將味噌溶解在湯裡後即可上桌。

微辣豬肉海帶芽湯

加入大量蔬菜。依個人喜好增減豆瓣醬用量

超短時 約10Min

材料（2人份）
- 豬五花薄切肉片 ……………… 100g
- 高麗菜 ……………………… 1大片
- 海帶芽（乾燥）………………… 2g
- 芝麻油 ……………………… 1小匙
- 豆瓣醬 ……………………… 1/3小匙
- A ┌ 水 ………………………… 2杯
    └ 顆粒雞湯粉 …………… 1/2小匙
- B ┌ 清酒 …………………… 1小匙
    └ 醬油・鹽 …………… 各少許

製作方法
1. 豬肉切成1cm寬。高麗菜切塊備用。
2. 鍋裡倒入芝麻油和豆瓣醬，以小火炒一下，接著將火候轉大，放入豬肉煸炒。倒入A食材煮沸後，放入高麗菜、海帶芽和B食材，稍微烹煮一下即可上桌。

豬肉高麗菜鹽昆布湯

一小撮鹽昆布是調味重點！

超短時 約10Min

材料（2人份）
- 混合不同部位切片豬肉 ……… 100g
- 高麗菜 ……………………… 1大片
- 高湯 ………………………… 2杯
- 鹽昆布 ………………………… 3g
- 清酒 ………………………… 1小匙
- 醬油 ………………………… 少許

製作方法
1. 豬肉切成容易入口的大小。高麗菜切塊備用。
2. 鍋裡倒入高湯煮沸，接著放入豬肉和高麗菜烹煮2分鐘左右。撈除浮渣後加入鹽昆布，繼續烹煮1～2分鐘，最後以清酒和醬油調整味道。

湯品　雞肉

2種蕈菇熬出美味高湯
蕈菇雞肉濃湯

超短時 約10Min

材料（2人份）

雞胸肉 …… 1/2小片（約100g～120g）
舞菇 …………………………… 1/2盒
金針菇 ………………………… 1/2袋
芝麻油 ………………………… 1/2大匙
鹽・胡椒 ……………………… 各少許
A ┌ 水 ……………………………… 2杯
　│ 清酒 ………………………… 1/2大匙
　└ 顆粒雞湯粉 ………………… 1/2小匙
●太白粉溶液
　┌ 太白粉 ……………………… 1/2小匙
　└ 水 …………………………… 1小匙

製作方法

1. 雞肉切成1.5cm塊狀。舞菇撥開成小朵，切除金針菇底部後再切成3等分。
2. 鍋裡倒入芝麻油加熱，放入舞菇和金針菇拌炒至變軟，然後倒入 **A** 食材煮至沸騰。放入雞肉後再繼續烹煮3分鐘，以鹽和胡椒調整味道，最後倒入太白粉溶液勾芡。

讓食材沾裹起司後享用
起司雞肉濃湯

超短時 約10Min

材料（2人份）

雞腿肉 ……… 1/2大片（約150g）
青花菜 ………………………… 1/3株
鹽・粗研磨黑胡椒 …………… 各少許
披薩用起司 …………………… 50g
A ┌ 水 ……………………………… 2杯
　└ 顆粒高湯粉 ………………… 1/2小匙

製作方法

1. 雞肉切成容易入口的大小。青花菜分切成小瓣。
2. 鍋裡倒入 **A** 食材煮沸，放入雞肉和青花菜後繼續烹煮2分鐘。加鹽調整味道，放入起司後即關火，蓋上鍋蓋靜置2分鐘。盛裝於器皿中，最後撒些黑胡椒就完成了。

帶骨雞肉增加飽足感
咖哩雞翅湯

短時 約15Min

材料（2人份）

雞翅中段 ……………………… 6隻
洋蔥 …………………………… 1/2顆
橄欖油 ………………………… 1/2大匙
A ┌ 水 …………………………… 2又1/3杯
　└ 顆粒高湯粉 ………………… 1/3小匙
　┌ 咖哩粉 ……………………… 1/2小匙
B │ 鹽 …………………………… 1/3小匙
　└ 胡椒 ………………………… 少許

製作方法

1. 洋蔥切成薄片備用。
2. 鍋裡倒入橄欖油加熱，放入雞肉煎2～3分鐘，兩面皆上色後放入 **A** 食材烹煮至沸騰，撈除浮渣。放入洋蔥並轉為中小火烹煮5分鐘，最後以 **B** 食材調整味道。

湯品 絞肉

煸炒豬絞肉增添味道的濃郁感
紅蘿蔔肉絲湯

超短時 約10Min

材料（2人份）

豬絞肉	80g
紅蘿蔔	1/3大根
橄欖油	1小匙
鹽・胡椒	各少許
A ┌ 水	2杯
│ 清酒	1/2大匙
└ 顆粒高湯粉	1/3小匙
乾燥香芹（家裡有的話）	少許

製作方法

1. 紅蘿蔔切絲備用。
2. 鍋裡倒入橄欖油，中火加熱煸炒豬絞肉，絞肉上色後放入紅蘿蔔絲一起拌炒。倒入 **A** 食材並煮沸，撈除浮渣後以鹽和胡椒調整味道。盛裝於器皿中，家裡若有乾燥香芹，撒一些在食材上增添風味。

善用塑膠袋將絞肉捏成丸子狀
簡單中式肉丸子湯

超短時 約10Min

材料（2人份）

豬絞肉	100g
高麗菜	1大片
芝麻油	1/2大匙
清酒	1小匙
薑泥（管裝）	3～4cm分量
A ┌ 水	2又1/3杯
└ 顆粒雞湯粉	1/2小匙
B ┌ 蠔油	1～1又1/2小匙
└ 鹽	少許

製作方法

1. 高麗菜切塊。將豬絞肉、清酒、薑泥裝入塑膠袋中，充分揉搓均勻，然後在塑膠袋底部剪一小角。
2. 鍋裡倒入 **A** 食材煮沸，然後放入高麗菜。從剪開小洞的塑膠袋中擠出一口分量的絞肉，用湯匙搓成丸子狀並放入鍋裡，烹煮3分鐘左右。最後以 **B** 食材調整味道後即可上桌。

粗略拌炒絞肉，稍微保留塊狀
鮮甜番茄絞肉濃湯

超短時 約10Min

材料（2人份）

綜合絞肉	100g
番茄	1中顆
馬鈴薯	1中顆
沙拉油	1小匙
A ┌ 水	2杯
└ 顆粒高湯粉	1/2小匙
B ┌ 番茄醬	1大匙
│ 清酒	1/2大匙
└ 鹽・胡椒	各少許

製作方法

1. 番茄切小塊，馬鈴薯削皮後切成一口大小。
2. 鍋裡倒入沙拉油加熱，放入絞肉煸炒，煸炒時稍微保留塊狀，不要全部撥散。接著放入番茄一起拌炒。倒入 **A** 食材和馬鈴薯烹煮至沸騰，撈除浮渣後繼續烹煮3～4分鐘。最後以 **B** 食材調整味道。

| 湯品 | 雞蛋 |

淡淡的海苔香氣是這道湯品的關鍵
海苔風味蛋花湯

超短時 約10Min

材料（2人份）
雞蛋……………………1顆
切片海苔………………4～5片
高湯……………………2杯
A ┌ 清酒……………………1小匙
　├ 鹽………………………1/3小匙
　└ 醬油……………………少許

製作方法
1. 將海苔撕成碎片並放入容器中。
2. 鍋裡倒入高湯，以中大火加熱，倒入 A 食材並緩緩注入蛋液。形成蛋花後即關火，倒入步驟1的容器中。

蛋黃熟度依個人喜好調整
水波蛋味噌湯

超短時 約10Min

材料（2人份）
雞蛋……………………2顆
高湯……………………2杯
味噌……………………2大匙

製作方法
1. 鍋裡倒入高湯並煮沸。
2. 將雞蛋打在容器中，緩緩倒入步驟1的鍋裡。另外一顆蛋也是相同作法，蛋清轉白後，將味噌溶解至湯裡就可以關火了。

芝麻油搭配雞蛋，香氣更濃郁
中式蛋花湯

超短時 約10Min

材料（2人份）
雞蛋……………………2顆
豆芽菜…………………1/3袋
芝麻油…………………1大匙
鹽・胡椒………………各適量
A ┌ 水………………………2杯
　└ 顆粒雞湯粉……………1/2小匙

製作方法
1. 雞蛋打散成蛋液，加入少量鹽和胡椒攪拌均勻。
2. 鍋裡倒入芝麻油加熱，將步驟1的蛋液一口氣倒入鍋裡並快速攪拌，變成蛋花後倒入 A 食材並煮至沸騰。放入豆芽菜，以中火烹煮2分鐘。最後以1/3小匙的鹽和少許胡椒調整味道。

湯品 番茄

湯裡添加大量蔬菜，味道更鮮甜
大豆蔬菜濃湯

超短時 約10Min

材料（2人份）

番茄	1中顆
洋蔥	1/2顆
青花菜	1/3株
水煮大豆	50g
橄欖油	1大匙
A 水	2又1/3杯
顆粒高湯粉	1/2小匙
B 砂糖	1小匙
鹽	略多於1/2小匙
胡椒	少許

製作方法

1. 洋蔥切粗粒，番茄切成1cm丁狀。青花菜切細碎。大豆瀝乾備用。
2. 鍋裡倒入橄欖油加熱拌炒洋蔥。接著放入番茄、青花菜後蓋上鍋蓋，以小火燜煮2～3分鐘。
3. 倒入 A 食材煮至沸騰，撈除浮渣後繼續烹煮3分鐘。放入大豆並以 B 食材調整味道。

充滿酸味與層次感
番茄味噌湯

超短時 約10Min

材料（2人份）

番茄	1大顆
橄欖油	1/2大匙
水	2杯
味噌	2大匙
起司粉	少許

製作方法

1. 番茄切塊備用。
2. 鍋裡倒入橄欖油和番茄，以中火加熱並快速炒一下，蓋上鍋蓋，燜煮2～3分鐘。
3. 加水煮至沸騰，撈除浮渣後將味噌溶解於湯裡。盛裝於碗中，最後再撒些起司粉就完成了。

建議使用新鮮蒜頭，沒有的話也可以改用管裝蒜泥
蒜香番茄湯

超短時 約10Min

材料（2人份）

番茄	1大顆
橄欖油	1大匙
水	2杯
大蒜	1小瓣
清酒	1大匙
A 鹽	1/2小匙
砂糖	1/3小匙
胡椒	少許
乾燥香芹（家裡有的話）	少許

製作方法

1. 番茄切成小塊。大蒜切末備用。
2. 鍋裡倒入橄欖油，放入大蒜爆香，接著放入番茄一起拌炒。倒入清酒，烹煮3分鐘。番茄出汁後，倒入2杯水，轉為中小火烹煮3～4分鐘，然後以 A 食材調整味道。盛裝於器皿中，家裡若有乾燥香芹，可以撒一些增添風味。

133

湯品 青花菜

芝麻香氣四溢的中式湯品
芝麻香海苔青花菜湯

超短時 約10Min

材料（2人份）

青花菜	1/3株
切片海苔	3～4片
芝麻油	1/2大匙
A [水	2杯
顆粒雞湯粉	1/2小匙
鹽	1/2小匙
胡椒	少許

製作方法

1. 青花菜切細碎。將海苔撕成碎片並放入容器中。
2. 鍋裡倒入芝麻油加熱炒青花菜，倒入 **A** 食材並煮至沸騰，轉為中火烹煮2分鐘。以鹽和胡椒調整味道，最後注入步驟 **1** 的容器中就完成了。

以少量的水蒸煮並搗成粗粒
簡單青花菜濃湯

超短時 約10Min

材料（2人份）

青花菜	1/3株
牛奶	1又1/3杯
鹽・胡椒	各少許
A [水	1/3杯
顆粒高湯粉	1/2小匙

製作方法

1. 青花菜分切成小瓣。
2. 鍋裡倒入青花菜和 **A** 食材，以中火加熱至沸騰，蓋上鍋蓋並轉為小火燜煮5～6分鐘。將鍋裡的青花菜搗碎，然後倒入牛奶再稍微烹煮一下，最後加鹽和胡椒攪拌均勻。

溫潤豆漿搭配大量芝麻
豆漿芝麻青花菜湯

超短時 約10Min

材料（2人份）

青花菜	1/3株
鴻喜菇	1/2盒
高湯	1又1/2杯
豆漿（無調整）	1/2杯
味噌	1又1/2大匙
白芝麻粉	1大匙

製作方法

1. 青花菜分切成小瓣。切掉鴻喜菇底部並撥散。
2. 鍋裡倒入高湯並煮至沸騰，放入青花菜和鴻喜菇，轉為中小火烹煮3～4分鐘。倒入豆漿，沸騰後將味噌溶解於湯裡並攪拌均勻。

湯品 高麗菜

建議使用新鮮生薑
中式生薑風味高麗菜湯

超短時 約10Min

材料（2人份）
- 高麗菜 ……………………… 2大片
- 杏鮑菇 ……………………… 1中根
- 薑泥（管裝） ……… 4～5cm分量
- 醬油・鹽 …………………… 各少許
- A ┌ 水 ……………………… 2杯
　　└ 顆粒雞湯粉 …………… 1小匙

製作方法
1. 高麗菜切粗絲。杏鮑菇切小塊。
2. 鍋裡倒入 A 食材煮至沸騰，接著放入高麗菜、杏鮑菇和蒜泥，稍微烹煮一下，最後以醬油和鹽調整味道。

建議使用無加糖梅乾
梅子風味高麗菜味噌湯

超短時 約10Min

材料（2人份）
- 高麗菜 ……………………… 2大片
- 梅乾 ………………………… 1顆
- 高湯 ………………………… 2杯
- 味噌 ………………………… 1又1/2大匙

製作方法
1. 高麗菜切塊。梅乾去籽後切細碎。
2. 鍋裡倒入高湯煮至沸騰，然後放入高麗菜汆燙一下。將味噌溶解在湯裡，然後放入切碎梅乾，稍微烹煮一下即可上桌。

簡單卻讓人上癮的美味！
鹽味奶油高麗菜湯

超短時 約10Min

材料（2人份）
- 高麗菜 ……………………… 2大片
- 奶油 ………………………… 1又1/2大匙
- 鹽 …………………………… 1/3小匙
- A ┌ 水 ……………………… 2杯
　　└ 顆粒雞湯粉 …………… 1/2小匙
- 粗研磨黑胡椒 ……………… 少許

製作方法
1. 高麗菜切小塊。
2. 鍋裡放入奶油並以中火加熱，奶油融化後撒些鹽，放入高麗菜拌炒2分鐘左右。高麗菜變軟後，放入 A 食材烹煮1～2分鐘，盛裝於器皿中，撒些黑胡椒就完成了。

湯品 紅蘿蔔

最後添加檸檬汁，口感更清爽
檸檬紅蘿蔔湯

超短時 約10Min

材料（2人份）

紅蘿蔔	1/2中根
橄欖油	1/2大匙
檸檬汁	1大匙
砂糖・鹽	各少許
A 水	2杯
顆粒高湯粉	1/2小匙

製作方法

1. 紅蘿蔔切絲備用。
2. 鍋裡倒入橄欖油加熱炒紅蘿蔔絲，倒入 A 食材煮至沸騰，然後轉為小火烹煮2分鐘。加入檸檬汁，最後以砂糖和鹽調整味道。

辛辣的豆瓣醬促進食慾
辛辣紅蘿蔔味噌湯

超短時 約10Min

材料（2人份）

紅蘿蔔	1/2中根
洋蔥	1/4顆
芝麻油	1/2大匙
高湯	2杯
豆瓣醬	1/3小匙
味噌	2大匙

製作方法

1. 紅蘿蔔切絲。洋蔥切成薄片。
2. 鍋裡倒入芝麻油和豆瓣醬，以小火輕輕翻炒，將火候轉大後放入紅蘿蔔絲和洋蔥拌炒。倒入高湯後烹煮3分鐘，最後將味噌溶解至湯裡就完成了。

簡單又濃稠滑順的奶香濃湯
奶油紅蘿蔔濃湯

超短時 約10Min

材料（2人份）

紅蘿蔔	1/2中根
洋蔥	1/2顆
奶油	1大匙
低筋麵粉	1大匙
牛奶	1杯
鹽・胡椒	各少許
A 水	1/3杯
顆粒高湯粉	1/2小匙

製作方法

1. 紅蘿蔔切成3cm長的短條狀。洋蔥切成薄片備用。
2. 鍋裡倒入奶油，以中火加熱，奶油融化後倒入紅蘿蔔和洋蔥拌炒2分鐘。倒入低筋麵粉翻炒一下，接著倒入 A 食材並蓋上鍋蓋，轉為小火燜煮3～4分鐘。倒入牛奶再稍微烹煮一下，最後加鹽和胡椒攪拌均勻。

湯品 洋蔥

洋蔥切大塊，烹煮用「吃」的湯品
芝麻油蒸洋蔥湯

超短時 約10Min

材料（2人份）
洋蔥⋯⋯⋯⋯⋯⋯⋯⋯1小顆
芝麻油⋯⋯⋯⋯⋯⋯⋯1/2大匙
水⋯⋯⋯⋯⋯⋯⋯⋯⋯1大匙
鹽・胡椒・醬油⋯⋯⋯各少許
A ┌ 水⋯⋯⋯⋯⋯⋯⋯⋯2杯
　└ 顆粒雞湯粉⋯⋯⋯⋯1/3小匙

製作方法
1. 洋蔥切成4等分瓣狀，稍微撥散備用。
2. 鍋裡倒入芝麻油加熱並快速炒一下洋蔥，接著倒入水後蓋上鍋蓋，以小火燜煮3分鐘（烹煮過程中時而攪拌一下）。
3. 放入A食材後繼續烹煮2～3分鐘，以鹽、胡椒、醬油調整味道。

洋蔥微波後再拌炒，快速上桌。
簡單焗烤洋蔥

超短時 約10Min

材料（2人份）
洋蔥⋯⋯⋯⋯1/2顆（約100g）
奶油⋯⋯⋯⋯⋯⋯⋯⋯1大匙
鹽⋯⋯⋯⋯⋯⋯⋯⋯⋯1/2小匙
胡椒⋯⋯⋯⋯⋯⋯⋯⋯少許
A ┌ 水⋯⋯⋯⋯⋯⋯⋯⋯2杯
　└ 顆粒高湯粉⋯⋯⋯⋯1/2小匙
披薩用起司⋯⋯⋯⋯40～50g

製作方法
1. 洋蔥切成薄片，放入耐熱攪拌盆中，鬆鬆地覆蓋保鮮膜，放入微波爐（600W）中加熱3分30秒。
2. 鍋裡倒入奶油，以中火加熱，倒入步驟1的洋蔥炒至上色。加入A食材並煮至沸騰，以鹽和胡椒調整味道。放入起司後即關火。

享用單純的洋蔥鮮甜美味
蒜香洋蔥湯

超短時 約10Min

材料（2人份）
洋蔥⋯⋯⋯⋯1/2顆（約100g）
橄欖油⋯⋯⋯⋯⋯⋯⋯1大匙
蒜泥（管裝）⋯⋯5～6cm分量
鹽・粗研磨黑胡椒⋯⋯各少許
A ┌ 水⋯⋯⋯⋯⋯⋯⋯⋯2杯
　└ 顆粒高湯粉⋯⋯⋯⋯1/3小匙

製作方法
1. 洋蔥切成薄片備用。
2. 鍋裡倒入橄欖油加熱，以中火炒洋蔥和大蒜。倒入A食材烹煮，以鹽調整味道後盛裝於器皿中，最後撒些黑胡椒即可上桌。

137

湯品　馬鈴薯

增添豬絞肉的濃厚感
咖哩馬鈴薯濃湯

超短時 約10Min

材料（2人份）

馬鈴薯	1大顆
豬絞肉	100g
沙拉油	1/2大匙
高湯	2杯
清酒	1/2大匙
咖哩粉	1/2小匙
鹽・醬油	各少許

●太白粉溶液
| 太白粉 | 2/3小匙 |
| 水 | 1/2大匙 |

製作方法

1. 馬鈴薯削皮後切成5～6mm厚度的半月形。
2. 鍋裡倒入沙拉油，以中火加熱煸炒絞肉至上色，然後倒入高湯和馬鈴薯烹煮至沸騰。撈除浮渣後倒入清酒，轉為中小火烹煮6～7分鐘。
3. 加入咖哩粉，以鹽和醬油調整味道。倒入以水拌匀的太白粉溶液勾芡。

一鍋到底迅速完成濃湯風味的湯品
奶香碎馬鈴薯濃湯

超短時 約10Min

材料（2人份）

馬鈴薯	1大顆
牛奶	1杯
鹽・胡椒	各少許

A
| 水 | 1/2杯 |
| 顆粒高湯粉 | 1/2小匙 |

乾燥香芹（家裡有的話） 少許

製作方法

1. 馬鈴薯削皮後切成7～8mm厚度扇形。
2. 鍋裡倒入馬鈴薯和A食材，蓋上鍋蓋以中小火燜煮4分鐘，煮熟後關火。
3. 將鍋裡的馬鈴薯搗粗碎，倒入牛奶烹煮一下，然後以鹽和胡椒調整味道。盛裝於器皿中，家裡若有乾燥香芹，可以撒一些添加風味。

口感溫潤的牛奶最適合搭配馬鈴薯
奶香馬鈴薯味噌湯

超短時 約10Min

材料（2人份）

馬鈴薯	1中顆
洋蔥	1/4顆
高湯	1又1/3杯
牛奶	1/3杯
味噌	2大匙
青海苔粉（家裡有的話）	少許

製作方法

1. 馬鈴薯削皮後切成7～8mm厚度扇形。洋蔥切成薄片備用。
2. 鍋裡倒入高湯和馬鈴薯、洋蔥，烹煮至沸騰，再以中火烹煮3分鐘。將味噌溶解至湯裡，倒入牛奶烹煮一下。盛裝於器皿中並撒些青海苔粉就完成了。

湯品 豆芽菜

微辣清爽口感讓人一吃就上癮
柚子胡椒豆芽菜湯

超短時 約10Min

材料（2人份）
豆芽菜 ……………………… 1/3袋
金針菇 ……………………… 1/2袋
高湯 ………………………… 2杯
柚子胡椒 ………… 1/2～2/3小匙
鹽・醬油 ………………… 各少許

製作方法
1. 切掉金針菇底部再切成2等分。
2. 鍋裡倒入高湯煮沸，放入豆芽菜和金針菇，以中火烹煮1～2分鐘。加入柚子胡椒攪拌均勻，最後以鹽和醬油調整味道。

濃厚和鮮甜的食材融合在一起
豆芽菜泡菜納豆湯

超短時 約10Min

材料（2人份）
豆芽菜 ……………………… 1/3袋
納豆 ………………………… 1盒
泡菜 ………………………… 50g
芝麻油 ……………………… 1/2大匙
味噌 ………………………… 1/2大匙
A [水 ………………………… 2杯
    顆粒雞湯粉 …………… 1/2小匙

製作方法
鍋裡倒入芝麻油加熱炒泡菜，加入納豆後快速翻炒一下。倒入 A 食材煮至沸騰，加入豆芽菜稍微烹煮一下，最後將味噌溶解至湯裡就完成了。

柚子醋醬油的酸味增添清爽口感！
柚子醋醬豆芽菜豆腐湯

超短時 約10Min

材料（2人份）
豆芽菜 ……………………… 1/3袋
絹豆腐 ……………………… 1/3塊
高湯 ………………………… 2杯
A [柚子醋醬油 ………… 1/2大匙
    鹽 …………………………… 少許
白芝麻粉 …………………… 少許

製作方法
1. 豆腐切成容易入口的大小。
2. 鍋裡倒入高湯煮沸，放入豆芽菜烹煮2分鐘，接著放入豆腐。以 A 食材調味後盛裝於器皿中，最後撒些芝麻即可上桌。

湯品 蕈菇

中式辛辣蕈菇湯

依個人喜好調整辣味

超短時 約10Min

材料（2人份）

鴻喜菇・金針菇 …………… 各1/2盒
豬絞肉 …………………………… 80g
芝麻油 ………………………… 1/2大匙
豆瓣醬 ……………………… 1/3～1/2小匙
鹽・醬油 ……………………… 各少許
A ⌈ 水 …………………………………… 2杯
　│ 清酒 ………………………… 1/2大匙
　⌊ 顆粒雞湯粉 ………………… 1/2小匙

製作方法

1. 切掉鴻喜菇底部並撥散，切除金針菇底部並切成3等分。
2. 鍋裡倒入芝麻油和豆瓣醬，以小火爆香。將火候轉大煸炒豬絞肉，絞肉上色後加入蕈菇一起拌炒，放入 A 食材並煮至沸騰。撈除浮渣，再以鹽和醬油調整味道。

蕈菇雜燴湯

以蕈菇的鮮甜作為基底味

超短時 約10Min

材料（2人份）

舞菇 …………………………… 1/2盒
杏鮑菇 ………………………… 1中根
木綿豆腐 ……………………… 1/2塊
芝麻油 ………………………… 1/2大匙
高湯 ……………………………… 2杯
鹽 ……………………………… 2/3小匙
醬油 …………………………… 1/3小匙

製作方法

1. 用廚房紙巾包住豆腐，靜置一段時間瀝乾水分。將舞菇撥開成小朵，杏鮑菇切成容易入口的大小。
2. 鍋裡倒入芝麻油加熱煎豆腐，小心不要弄碎豆腐，接著放入舞菇、杏鮑菇和高湯煮至沸騰。撈除浮渣，以中火烹煮1～2分鐘，最後以鹽和醬油調整味道。

3種蕈菇煨湯

以煨煮方式萃取蕈菇的鮮甜美味

超短時 約10Min

材料（2人份）

舞菇・鴻喜菇・金針菇
　……………………………… 各1/2盒
橄欖油 ……………………… 1又1/2大匙
A ⌈ 水 …………………………………… 2杯
　⌊ 顆粒高湯粉 ………………… 1/2小匙
鹽・胡椒 ……………………… 各少許

製作方法

1. 將舞菇撥開成小朵，切除鴻喜菇底部並撥散，切除金針菇底部，再切成容易入口的大小。
2. 鍋裡倒入橄欖油加熱，放入金針菇快炒一下，蓋上鍋蓋並以小火煨煮3分鐘。放入 A 食材並煮至沸騰，最後以鹽和胡椒調整味道。

Part 4

用12種食材烹煮
飯類・麵類

以肉類和雞蛋為主角，
搭配蔬菜
組合成飯・麵！

針對忙碌的平日晚餐、休假日或居家工作時的午餐，
能夠既快速又簡單完成的飯類和麵類食譜。
微波丼飯或平底鍋義大利麵等，超級簡單又超級美味！

飯類 豬肉

大蒜香氣讓人一口接一口！
大蒜元氣丼飯

超短時 約10Min

材料（2人份）
混合不同部位切片豬肉 ……250g
高麗菜 …………………… 2大片
沙拉油 …………………… 1/2大匙
A ┌ 清酒 …………………… 2大匙
　└ 沙拉油 ………………… 1大匙
　┌ 清酒・醬油 ………… 各2大匙
　│ 顆粒狀烹大師調味料
A │ ……………………… 1小匙
　│ 蒜泥（管裝）
　└ ………………… 4～5cm分量
熱白飯 …………… 丼飯2碗分量

製作方法

1. 豬肉切成容易入口的大小，將豬肉和 A 食材充分搓揉均勻。高麗菜切絲，將 B 食材混拌均勻備用。

2. 平底鍋裡倒入沙拉油，以中火加熱煸炒步驟 1 的豬肉1分鐘～1分30秒，邊炒邊撥散至絞肉完全上色，然後從鍋邊澆淋 B 食材，快速讓食材沾裹醬汁。

3. 將白飯盛裝於碗中，鋪上高麗菜絲後再鋪上步驟 2 的食材。

不用油拌炒，健康又簡單
微波中華丼飯

超短時 約10Min

材料（2人份）
豬五花薄切肉片 ……………… 150g
洋蔥 ……………… 1/2顆（約100g）
紅蘿蔔 …………… 1/6小根（20g）
鴻喜菇 ……………… 1/2盒（50g）
　┌ 蠔油・清酒 ………… 各1大匙
　│ 砂糖 ………………… 1/2大匙
A │ 太白粉 ……………… 1小匙
　│ 顆粒雞湯粉・醋
　└ ……………………… 各1/2小匙
熱白飯 …………… 茶碗2碗分量

製作方法

1. 洋蔥切成7～8mm厚度，紅蘿蔔切絲。切掉鴻喜菇底部並撥散。將豬肉切成3cm寬。將 A 食材混拌均勻備用。

2. 將蔬菜和豬肉放入耐熱攪拌盆中並混拌均勻，將再次拌勻的 A 食材倒入攪拌盆中。鬆鬆地覆蓋保鮮膜，放入微波爐（600W）中加熱4分鐘。取出後充分攪拌均勻，然後鋪在已盛裝白飯的器皿中。

飯類 豬肉

大蒜＆奶油的鐵板組合調味

豬肉蕈菇奶油蒜蓉飯

超短時 約10Min

材料（2人份）
混合不同部位切片豬肉 ⋯⋯150g
杏鮑菇 ⋯⋯⋯⋯⋯⋯⋯⋯1大根
舞菇 ⋯⋯⋯⋯⋯⋯⋯⋯⋯1/2盒
沙拉油 ⋯⋯⋯⋯⋯⋯⋯⋯1大匙
奶油 ⋯⋯⋯⋯⋯1～1又1/2大匙
蒜泥（管裝）⋯⋯⋯7～8cm分量
醬油 ⋯⋯⋯⋯⋯⋯⋯⋯⋯1大匙
鹽・胡椒・粗研磨黑胡椒
⋯⋯⋯⋯⋯⋯⋯⋯⋯⋯各少許
熱白飯 ⋯⋯⋯⋯⋯茶碗2碗分量

製作方法

1. 豬肉切成容易入口的大小。將杏鮑菇和舞菇切細碎。

2. 平底鍋裡倒入沙拉油並以中火加熱，然後將火候轉大煸炒豬肉、蕈菇和大蒜，接著倒入鹽和胡椒拌炒均勻。豬肉完全上色後，倒入白飯一起拌炒，加入奶油和醬油，快速拌炒均勻。盛裝於器皿中，撒些黑胡椒即可上桌。

肉×蕈菇×海苔，互相襯托彼此的美味！

豬肉蕈菇海苔雜炊

超短時 約10Min

材料（2人份）
混合不同部位切片豬肉 ⋯⋯100g
金針菇 ⋯⋯⋯⋯⋯⋯⋯⋯1/2袋
鴻喜菇 ⋯⋯⋯⋯⋯1/2盒（50g）
烤海苔（21×19公分）⋯⋯1/2片
高湯 ⋯⋯⋯⋯⋯⋯⋯⋯⋯⋯2杯
A ┌ 味醂 ⋯⋯⋯⋯⋯⋯⋯1/2大匙
　├ 醬油 ⋯⋯⋯⋯⋯⋯⋯2小匙
　└ 鹽 ⋯⋯⋯⋯⋯⋯⋯⋯1/2小匙
白飯 ⋯⋯⋯略少於茶碗2碗的分量

製作方法

1. 豬肉切成容易入口的大小。切掉金針菇底部，再切成3等分。切除鴻喜菇底部並撥散。

2. 平底鍋裡倒入高湯煮沸，放入豬肉烹煮，撈除浮渣後倒入A食材，接著放入蕈菇烹煮1分鐘。倒入白飯後烹煮2分鐘左右，最後撒上撕碎的海苔就完成了。

143

飯類 雞肉

蔬菜甜味與香氣超級適合搭配咖哩粉
什錦飯風味炒飯

超短時 約10Min

材料（2人份）

雞腿肉 …… 1/2片（100～120g）
番茄 ……………………… 1中顆
洋蔥 ……………………… 1/2顆
沙拉油 …………………… 1大匙
A ┌ 顆粒高湯粉・咖哩粉・鹽
   └ ………………… 各1/2小匙
熱白飯 …………… 茶碗2碗分量
鹽 ………………………… 少許

製作方法

1. 雞肉切成一口大小的塊狀。番茄和洋蔥切成1cm丁狀。

2. 平底鍋裡倒入沙拉油加熱炒洋蔥，放入雞肉煸炒至變色後蓋上鍋蓋，燜煮2～3分鐘。加入 **A** 食材拌炒後再放入番茄炒1分鐘左右。倒入白飯將所有食材拌炒均勻，最後以鹽調整味道。

只需要切好食材並微波加熱就完成了！
微波湯咖哩飯

短時 約15Min

材料（2～3人份）

雞腿肉 ……… 1小片（約250g）
番茄 ………… 1中顆（約150g）
高麗菜 ……… 2大片（約150g）
水 ………………………… 2/3杯
咖哩粉 …………………… 2/3大匙
番茄醬・伍斯特醬 …… 各1小匙
鹽 ……………………… 1/2小匙
蒜泥（管裝） …… 5～6cm分量
熱白飯 …………… 茶碗2碗分量

製作方法

1. 將雞肉和番茄切成一口大小。高麗菜切成塊狀。

2. 將白飯以外的所有食材倒入耐熱攪拌盆中混拌均勻，鬆鬆地覆蓋保鮮膜，放入微波爐（600W）中加熱8分鐘。取出後攪拌均勻，盛裝於器皿中並附上一碗白飯。

飯類 雞肉

雞肉、紅蘿蔔、奶油飯全部微波加熱就OK了！

簡單泰式海南雞飯

超短時 約10Min

材料（2人份）
雞胸肉………………1片（約250g）
紅蘿蔔泥……………………3大匙
奶油・清酒…………………各1大匙
鹽……………………………少許
熱白飯………………茶碗2碗分量
●醬汁
　洋蔥丁………………………2大匙
A 柚子醋醬油…………………1/3杯
　味噌…………………………1小匙

製作方法

1. 將雞肉放入耐熱容器中，倒入清酒和鹽後鬆鬆地覆蓋保鮮膜，放入微波爐（600W）中加熱3分鐘。不掀開保鮮膜靜置放涼，冷卻後斜切成薄片。

2. 將白飯和奶油放入耐熱攪拌盆中，鬆鬆地覆蓋保鮮膜，放入微波爐（600W）中加熱30～40秒。取出後放入紅蘿蔔泥並充分混拌均勻，盛裝於器皿中，接著倒入步驟1的食材，澆淋混拌均勻的醬汁就大功告成了。

食材和白飯炒過後再燉煮，風味更濃郁

雞肉杏鮑菇燉飯

超短時 約10Min

材料（2人份）
雞腿肉………1/2大片（約150g）
紅蘿蔔…………………………1/4中根
杏鮑菇…………………………1中根
橄欖油…………………………1/2大匙
鹽・胡椒………………………各少許
A 水……………………………1杯
　顆粒高湯粉…………………1/2小匙
B 起司粉………………………2大匙
　鹽……………………………1/3小匙
粗研磨黑胡椒…………………少許
熱白飯………………茶碗2碗分量

製作方法

1. 雞肉切小塊，撒鹽和胡椒調味。紅蘿蔔切短絲，杏鮑菇切小塊。

2. 平底鍋裡倒入橄欖油加熱，煸炒雞肉、杏鮑菇和紅蘿蔔，倒入白飯一起拌炒。

3. 倒入 **A** 食材，以中小火燉煮3～4分鐘，時而攪拌一下，接著倒入 **B** 食材。盛裝於器皿中，最後撒些黑胡椒就完成了。

145

飯類 絞肉

番茄醬咖哩風味的肉末超級美味！
簡單塔可飯

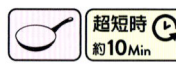

超短時 約10Min

材料（2人份）
綜合絞肉 ………………………… 200g
番茄 ……………………………… 1/2中顆
洋蔥 ……………………………… 1/4顆
高麗菜 …………………………… 1大片
加工起司（5mm厚）……………… 2片
沙拉油 …………………………… 1大匙
A ┌ 番茄醬・中濃醬汁 ………… 各2大匙
　│ 咖哩粉 ……………………… 1/2小匙
　│ 鹽 …………………………… 1/3小匙
　└ 胡椒 ………………………… 少許
熱白飯 …………………… 茶碗2碗分量

製作方法

1. 高麗菜切絲，番茄和起司切成1.5cm丁狀。洋蔥切末。

2. 平底鍋裡倒入沙拉油加熱炒洋蔥1分鐘，放入絞肉一起煸炒，拌炒過程中不要將絞肉完全撥散。蓋上鍋蓋燜煮1～2分鐘，將A食材依序放入鍋裡一起拌炒。

3. 以碗盛裝白飯，先將步驟2的食材鋪在白飯上，然後放入番茄和起司，最後將高麗菜絲分散放入碗裡。

既能攝取蛋白質和蔬菜，也適合做成便當！
3色肉末丼飯

短時 約15Min

材料（2人份）
雞絞肉 …………………………… 150g
雞蛋 ……………………………… 2顆
青花菜 …………………………… 1/3株
A ┌ 砂糖 ………………………… 1小匙
　└ 鹽 …………………………… 少許
B ┌ 水 …………………………… 1/3杯
　│ 醬油 ………………………… 1又2/3大匙
　│ 砂糖 ………………………… 1又1/2大匙
　└ 味醂 ………………………… 1大匙
熱白飯 …………………… 丼飯2碗分量

製作方法

1. 將雞蛋打散成蛋液，放入A食材攪拌均勻。稍微加熱小鍋並迅速倒入蛋液，用料理長筷快速翻炒，完成炒蛋後即取出。

2. 將鍋子洗乾淨，先放入B食材，煮沸後放入絞肉。以料理長筷邊翻攪邊煮至湯汁收乾。

3. 青花菜切粗粒並放入耐熱攪拌盆中，鬆鬆地覆蓋保鮮膜，放入微波爐（600W）中加熱2分30秒，瀝乾水氣。

4. 將白飯盛裝於碗裡，放入步驟1、2、3的食材。

飯類 雞蛋

將鬆軟蛋皮鋪在充滿奶油香氣的雞肉飯上
蛋包飯

短時 約15Min

材料（2人份）
雞蛋················2顆
雞胸肉···········150～160g
洋蔥··············1/2顆
奶油··············1大匙
沙拉油············1大匙
A ┌ 番茄醬·········4大匙
  └ 鹽・胡椒·······少許
番茄醬············適量
熱白飯······略少於茶碗2碗分量

製作方法
1. 雞肉切成1.5cm丁狀。洋蔥切粗末。雞蛋打成蛋液。
2. 平底鍋裡倒入奶油加熱，將洋蔥炒軟後放入雞肉煸炒。雞肉上色後，蓋上鍋蓋，以小火燜煮2分鐘。將A食材依序放入鍋裡混拌在一起，接著倒入白飯拌，平均盛裝於2個器皿中。
3. 將平底鍋洗乾淨，倒入一半分量的沙拉油加熱，再倒入一半分量的步驟1蛋液並攤平於鍋底。雞蛋變鬆軟後，取出並鋪在步驟2的食材上。以相同方式料理另外一半蛋液。最後在蛋皮上擠一些番茄醬就完成了。

白高湯增加鮮味
金針菇蛋炒飯

超短時 約10Min

材料（2人份）
雞蛋················2顆
金針菇·············1袋
沙拉油············1/2大匙
芝麻油············1小匙
白高湯···········1又1/2大匙
鹽・胡椒・白芝麻粉·····各少許
熱白飯··········茶碗2碗分量

製作方法
1. 切掉金針菇底部並切成2cm長度。雞蛋打散成蛋液，加鹽和胡椒攪拌均勻。
2. 平底鍋裡倒入沙拉油加熱，將步驟1的蛋液一口氣倒入鍋裡，快速翻炒至鬆軟即取出。
3. 將平底鍋洗乾淨，倒入芝麻油加熱，放入金針菇拌炒後，倒入白高湯攪拌均勻。接著倒入白飯一起拌炒，以少許鹽調整味道，最後撒些芝麻就完成了。

麵類 豬肉

大量蔬菜增加飽足感！
簡單湯麵

超短時 約10Min

材料（2人份）

豬五花薄切肉片	150g
紅蘿蔔	1/3中根
高麗菜	2大片
豆芽菜	1/3袋
沙拉油	1小匙
鹽	1/3小匙
胡椒	少許
A 水	3杯
清酒	1/2大匙
顆粒雞湯粉・芝麻油	各1小匙
鹽	1/2小匙
中華麵條	2球

製作方法

1. 豬肉切成3cm寬度。紅蘿蔔切成短條狀，高麗菜切塊。煮沸熱水（分量外）後放入中華麵條烹煮。

2. 平底鍋裡倒入沙拉油加熱煸炒豬肉，豬肉上色後放入紅蘿蔔、高麗菜、豆芽菜一起拌炒，然後加鹽和胡椒拌炒均勻。

3. 瀝乾煮熟的麵條並盛裝至碗裡。將A食材倒入鍋裡煮沸後，倒入裝有麵條的碗裡，最後將步驟2的食材鋪在麵條上就完成了。

沒有咖哩塊也能迅速完成美味咖哩麵！
簡單咖哩烏龍麵

超短時 約10Min

材料（2人份）

豬五花薄切肉片	150g
洋蔥	1/4顆
鴻喜菇	1/2盒
沙拉油	1小匙
低筋麵粉	1大匙
高湯	3杯
A 醬油	1大匙
咖哩粉	2小匙
鹽	2/3小匙
冷凍烏龍麵	2球

製作方法

1. 豬肉切成3cm寬度。切除鴻喜菇底部並撥散。洋蔥切成薄片。

2. 平底鍋裡倒入沙拉油加熱，以中火快炒洋蔥，然後倒入低筋麵粉，繼續炒至沒有粉末狀。倒入高湯、A食材、烏龍麵（無須解凍）、豬肉、鴻喜菇，蓋上鍋蓋燜煮4分鐘左右就完成了。

麵類 豬肉

豬肉和蔬菜連同麵條一起煮，快速上桌！

御好燒風味炒麵

短時 約15Min

材料（2人份）
- 混合不同部位切片豬肉 …… 150g
- 高麗菜 ………………………… 3大片
- 鴻喜菇 ………………………… 1/2盒
- A ┌ 水 ……………………………… 1/2杯
     │ 顆粒狀烹大師調味料
     └ ……………………………… 1/3小匙
- 中濃醬汁（或炒麵醬）
  ………………………… 2～2又1/2大匙
- 中華蒸煮麵 ……………………… 2球
- 紅薑・青海苔粉
  （家裡有的話）………… 各少許

製作方法

1. 豬肉切成容易入口的大小。切除鴻喜菇底部並撥散。高麗菜切成3cm塊狀。

2. 將麵條放入平底鍋中央，豬肉鋪在麵條周圍，均勻分散地放入高麗菜和鴻喜菇。接著放入 A 食材，蓋上鍋蓋並以中大火加熱，沸騰後轉為中小火。烹煮過程中攪拌2次，燜煮4～5分鐘。

3. 掀開鍋蓋，稍微將火候轉大並倒入醬汁，邊攪拌邊炒1～2分鐘。盛裝於器皿中，若有紅薑或青海苔粉，可以撒一些增添風味。

豬肉＋番茄＋韓式泡菜是最佳組合！

番茄泡菜炒麵

超短時 約10Min

材料（2人份）
- 豬五花薄切肉片 ……………… 100g
- 番茄 …………………………… 1中顆
- 韓式泡菜 ……………………… 100g
- 芝麻油 ………………………… 1/2大匙
- A ┌ 水 ……………………………… 1/2杯
     └ 顆粒雞湯粉 ………………… 1/2小匙
- B ┌ 醬油 …………………………… 1大匙
     └ 鹽 …………………… 1/4～1/3小匙
- 中華蒸煮麵 ……………………… 2球

製作方法

1. 豬肉切成3cm寬。泡菜葉如果太大，切成容易入口的大小。番茄切成一口大小的滾刀塊。

2. 平底鍋裡放入麵條、豬肉、A 食材，以中火加熱，蓋上鍋蓋燜煮3分鐘。

3. 放入泡菜和番茄拌炒。泡菜和番茄變軟後加入 B 食材一起拌炒，最後倒入芝麻油混拌均勻。

149

麵類 雞肉

食材和麵條一起加熱，迅速上桌的義大利麵

一鍋到底
鹽味檸檬雞肉義大利麵

短時 約15Min

材料（2人份）

雞腿肉 ……… 1小片（約200g）
高麗菜 …………………… 2大片
橄欖油 …………………… 1大匙
水 ……………………… 1又2/3杯

A ┌ 檸檬汁 ………………… 3大匙
　│ 橄欖油 ………………… 2大匙
　│ 蒜泥（管裝）
　│ ……………… 5～6cm分量
　└ 鹽 …………………… 2/3小匙

粗研磨黑胡椒 ……………… 少許
義大利麵（1.4mm／
　水煮5分鐘）…………… 160g

製作方法

1. 雞肉切成容易入口的大小。高麗菜切小塊。將 A 食材混合均勻備用。

2. 平底鍋裡倒入橄欖油，以中火加熱煸炒雞肉。雞肉上色後放入對半折斷的義大利麵條，接著將水倒入鍋裡。沸騰後蓋上鍋蓋，轉為中小火燜煮5分鐘（燜煮過程中攪拌1～2次，大約3～4分鐘時放入高麗菜）。

3. 掀開鍋蓋，將火候轉大讓水分蒸發，澆淋 A 食材並快炒一下裝盤，撒些黑胡椒就完成了。

若有充足的時間，醬汁放涼也很美味！

茄汁雞肉素麵

短時 約15Min

材料（4人份）

雞腿肉 ……… 1/2大片（約150g）
番茄 …………… 1中顆（約150g）
芝麻油 …………………… 1/2大匙
昆布麵汁（3倍濃縮）
　………………………… 2又1/2大匙
白芝麻粉 …………… 1～1又1/2大匙
素麵 ………………………… 3束

製作方法

1. 番茄切小塊。雞肉切成1.5cm丁狀。

2. 將步驟1的食材放入耐熱攪拌盆中，倒入昆布麵汁稍微攪拌一下，鬆鬆地覆蓋保鮮膜，放入微波爐（600W）中加熱5分鐘，倒入芝麻油混拌均勻，靜置放涼。

3. 將素麵依照包裝上的標示煮熟，撈起來並用流動冷水沖洗後瀝乾。盛裝於器皿中，澆淋步驟2的食材就完成了。

麵類 雞肉

熬煮雞肉和舞菇的高湯更添湯汁美味

雞汁蕎麥麵

短時 約15Min

材料（2人份）
雞腿肉	1大片（約300g）
舞菇	1/2盒
沙拉油	1大匙
A 水	1杯
A 昆布麵汁（3倍濃縮）	1/2杯
海苔絲（家裡有的話）	少許
蕎麥麵（乾麵）	2束

製作方法
1. 將水（分量外）煮至沸騰，依照包裝標示煮熟蕎麥麵。雞肉切成1.5cm丁狀。舞菇切小塊。
2. 鍋裡倒入沙拉油，以中火加熱煸炒雞肉，雞肉完全上色後倒入舞菇快炒一下。加入 A 食材並煮沸，撈除浮渣後轉為小火烹煮3分鐘。關火並於冷卻後倒入器皿中。
3. 撈起步驟 1 的蕎麥麵，用流動冷水沖洗後瀝乾。盛裝於器皿中，撒些海苔絲。沾步驟 2 的醬汁一起享用。

鹽和芝麻油調味，清爽美味讓人百吃不厭

鹽味炒烏龍

超短時 約10Min

材料（2人份）
雞腿肉	2/3大片（約200g）
高麗菜	2大片
水	1/3杯
A 芝麻油	2大匙
A 顆粒雞湯粉	1小匙
A 鹽	1/3小匙
白芝麻粉	少許
冷凍烏龍麵	2球

製作方法
1. 雞肉切成略小的一口大小。高麗菜切成容易入口的大小。
2. 冷凍烏龍麵（無須解凍）放在平底鍋中央，將雞肉鋪在烏龍麵周圍，均勻分散地放入高麗菜，以繞圈方式將水倒入鍋裡。蓋上鍋蓋，以中小火燜煮2〜3分鐘。
3. 掀開鍋蓋，若鍋內還有水，稍微拌炒一下收乾，接著將 A 食材依序放入鍋裡拌炒均勻。盛裝於器皿中，最後撒些芝麻就完成了。

麵類 絞肉

絞肉納豆拌烏龍麵

只用昆布麵汁和芝麻油調味！

超短時 約10Min

材料（2人份）

豬絞肉	100g
洋蔥	½顆
納豆	2盒
水	⅓杯
昆布麵汁（3倍濃縮）	2大匙
芝麻油	½大匙
青海苔粉（家裡有的話）	少許
冷凍烏龍麵	2球

製作方法

1. 攪拌盆裡放入納豆、芝麻油、昆布麵汁混拌均勻。洋蔥切成薄片。
2. 平底鍋裡放入冷凍烏龍麵（無須解凍），周圍分散放入絞肉，將水倒入後蓋上鍋蓋，以中小火燜煮4～5分鐘（烹煮3～4分鐘時放入洋蔥）。關火後將步驟 1 的納豆連同汁液一起倒入鍋裡，快速拌合均勻。盛裝於器皿中，依個人喜好撒些青海苔粉。

一鍋到底肉醬義大利麵

食材和麵條一起烹煮，快速上桌！

超短時 約10Min

材料（2人份）

綜合絞肉	200g
洋蔥	½顆
沙拉油	½大匙
A ┌ 切丁番茄罐	½罐（200g）
水	2杯
顆粒高湯粉	1小匙
└ 鹽	少許
B ┌ 番茄醬	2大匙
中濃醬汁	1大匙
└ 砂糖・鹽・胡椒	各少許
乾燥香芹（家裡有的話）	少許
義大利麵（1.6mm／水煮7分鐘）	160g

製作方法

1. 洋蔥切成粗丁狀。
2. 平底鍋裡倒入沙拉油，煸炒洋蔥和絞肉。絞肉完全上色後添加 A 食材，放入對半折斷的義大利麵條，蓋上鍋蓋，以中大火烹煮。煮沸後充分攪拌均勻，再次蓋上鍋蓋，以中小火燜煮7分鐘（燜煮過程中攪拌1～2次）。
3. 掀開鍋蓋，稍微將火候轉大，拌炒至收乾，接著倒入 B 食材混拌均勻。盛裝於器皿中，家裡若有乾燥香芹，可以撒一些添加風味。

麵類 絞肉

食材和鹽昆布的鮮味緊緊包裹麵條！

日式一鍋到底
雞肉蕈菇義大利麵

超短時 約10Min

材料（2人份）
- **雞絞肉** ……………………… **120g**
- 鴻喜菇 ……………………… 1盒
- 沙拉油 ……………………… 1/2大匙
- 水 ……………………… 1又2/3杯
- 鹽昆布 ……………………… 10g
- 醬油 ……………………… 1/2大匙
- 義大利麵（1.4mm／水煮5分鐘）……………………… 160g

製作方法

1. 切掉鴻喜菇底部並撥散。

2. 平底鍋裡倒入沙拉油加熱煸炒絞肉，煸炒過程中不要完全撥散，稍微保留些許塊狀絞肉，接著將水和對半折斷的義大利麵條放入鍋裡，放入鴻喜菇後蓋上鍋蓋。煮沸後像是撥散般拌炒，以中小火加熱5分鐘（烹煮過程中攪拌1～2次）。掀開鍋蓋，稍微將火候轉大並放入鹽昆布和醬油，拌炒至水分蒸發。

瀝乾的豆腐口感像是茅屋起司

一鍋到底
豆腐梅乾義大利麵

超短時 約10Min

材料（2人份）
- **雞絞肉** ……………………… **100g**
- 木綿豆腐 ……………………… 1/2塊
- 水 ……………………… 1又2/3杯
- 芝麻油 ……………………… 1大匙
- 梅乾（無加糖） ……………………… 2大顆
- 昆布麵汁（3倍濃縮）……………………… 2又1/2大匙
- 義大利麵（1.4mm／水煮5分鐘）……………………… 160g

製作方法

1. 用廚房紙巾包住豆腐，靜置瀝乾水分。梅乾去籽後切細碎備用。

2. 平底鍋裡倒入芝麻油，以中火煸炒雞絞肉，絞肉完全上色後，倒入水和對半折斷的義大利麵條，蓋上鍋蓋並轉為中大火烹煮。煮沸後像是撥散般拌炒，再次蓋上鍋蓋，轉為中小火燜煮5分鐘（烹煮過程中攪拌1～2次）。

3. 掀開鍋蓋，稍微將火候轉大，拌炒至水分蒸發。將豆腐撕細碎放入鍋裡，添加昆布麵汁和梅乾混拌均勻。

麵類 雞蛋

超級簡單又快速的義大利麵。蛋黃增添溫潤口感

蛋黃蒜香義大利麵

超短時 約10Min

材料（2人份）

蛋黃	**2顆分量**
橄欖油	1又½大匙
大蒜	2瓣
紅辣椒	2根
水	1又⅔杯
鹽	⅓～½小匙
粗研磨黑胡椒	少許
義大利麵（1.4mm／水煮5分鐘）	160g

製作方法

1. 平底鍋裡倒入橄欖油和切粗末的大蒜、切小塊的紅辣椒，以小火爆香2分鐘左右。倒入水和對半折斷的義大利麵條，蓋上鍋蓋，轉為中大火燜煮。煮沸後拌炒撥散，再次蓋上鍋蓋，轉為中小火燜煮5分鐘（燜煮過程中攪拌1～2次）。

2. 掀開鍋蓋，轉為中大火拌炒至水分蒸發。以鹽調整味道。盛裝於器皿中再放入蛋黃，撒些黑胡椒就大功告成了。

依個人喜好添加生薑或山葵

釜玉烏龍麵

超短時 約10Min

材料（2人份）

蛋黃	**2顆分量**
A ⎡ 水	⅓杯
⎣ 白高湯	2大匙
醬油	1小匙
白芝麻粉	少許
冷凍烏龍麵	2球

製作方法

平底鍋裡放入未解凍的冷凍烏龍麵，同時倒入 **A** 食材，蓋上鍋蓋，以中火烹煮。燜煮2～3分鐘後掀開鍋蓋，攪拌讓水分蒸發，倒入醬油拌勻後關火。盛裝於器皿中，輕輕將蛋黃倒入烏龍麵中間，最後撒些芝麻。

材料索引（按照筆畫順序）

主＝主菜、副＝副菜、湯＝湯品、飯＝飯類、麵＝麵類

薄切豬肉片

● 混合不同部位切片豬肉
- 口感溫和俄式炒豬肉 主 38
- 御好燒風味炒麵 麵 149
- 大蒜元氣丼飯 飯 142
- 奶油檸檬蒜香豬肉金針菇 主 36
- 白醬焗烤豬肉馬鈴薯 主 32
- 咖哩南蠻豬肉豆芽菜 主 34
- 昆布麵汁燉煮豬肉紅蘿蔔 主 26
- 芝麻奶油醬燉煮豬肉青花菜 主 19
- 芥末醬佐豬肉青花菜 主 19
- 紅蘿蔔天婦羅 主 25
- 美乃滋蒜炒豬肉馬鈴薯 主 32
- 茄汁豬肉馬鈴薯 主 31
- 茄汁豬龍田 主 13
- 納豆炒豬肉豆芽菜 主 35
- 番茄醬炒豬肉紅蘿蔔 主 25
- 滑蛋嫩煎豬肉青花菜 主 16
- 蜂蜜味噌醬煮豬肉高麗菜 主 22
- 蜂蜜檸檬醃豬肉 主 26
- 蒜泥糖醋白肉 主 28
- 辣炒豬肉番茄 主 12
- 豬肉青花菜咖哩牛奶濃湯 湯 128
- 豬肉高麗菜鹽昆布湯 湯 129
- 豬肉蕈菇奶油蒜蓉飯 飯 143
- 豬肉蕈菇海苔雜炊 飯 143
- 燉煮清爽咖哩豬 主 28
- 燴牛肚風豬肉片 主 15
- 薑燒豬肉 副 126
- 韓式豬肉豆芽菜 主 34
- 簡單起司辣炒雞 主 30
- 醬油煸炒豬肉洋蔥 主 29
- 蠔油炒豬肉洋蔥 主 27
- 蠔油醬炒豬肉青花菜 主 18
- 鹽漬高麗菜肉炒 主 20

● 豬五花薄切肉片
- 大量高麗菜御好燒 主 23
- 中式滑蛋豆芽菜 主 106
- 中式醃豬肉蕈菇 主 38
- 白高湯蒸煮青花菜豬肉捲 主 17
- 白高湯燉煮豬肉高麗菜 主 23
- 回鍋肉炒蛋 主 99
- 沖繩風炒紅蘿蔔 主 24
- 和風起司蒸煮豬肉蕈菇 主 37
- 柚子胡椒煸炒豬肉馬鈴薯 主 31
- 起司醬炒番茄豬肉 主 15
- 番茄泡菜炒麵 麵 149
- 番茄豬肉湯 湯 128
- 微波中華丼飯 飯 142

- 微辣豬肉海帶芽湯 湯 129
- 酸辣番茄燉豬肉 主 14
- 豬肉洋蔥佐柚子醋醬油 主 29
- 豬肉捲回鍋肉 主 21
- 簡單咖哩烏龍麵 麵 148
- 簡單湯麵 麵 148
- 豬龍田揚佐蠔油醬 主 33
- 鹽醋煸炒豬五花豆芽菜 主 35

雞肉

● 雞腿肉
- 一鍋到底鹽味檸檬雞肉義大利麵 麵 150
- 什錦飯風味炒飯 飯 144
- 芝麻照燒雞腿 主 51
- 茄汁雞肉素麵 麵 150
- 起司雞肉濃湯 湯 130
- 微波烏咖哩飯 飯 144
- 辣醬雞 主 59
- 韓式泡菜燉雞 主 41
- 檸檬風味雞肉沙拉 主 52
- 簡單乾炒雞肉 主 52
- 雞汁蕎麥麵 麵 151
- 雞肉杏鮑菇燉飯 飯 145
- 雞肉馬鈴薯的BBQ燒烤 主 57
- 雞肉高麗菜佐奶油醬油 主 47
- 雞肉捲佐舞菇醬 主 64
- 鹽味炒烏龍 麵 151

● 雞腿肉《唐揚炸雞用》
- 中式奶油燉雞肉豆芽菜 主 60
- 泥窯烤爐風肉燉雞 主 55
- 芝麻醬煮雞肉高麗菜 主 50
- 起司蒸煮雞肉青花菜 主 44
- 喬治亞風燉雞 主 55
- 微波奶油咖哩雞 主 39

● 雞胸肉
- 蛋包飯 飯 147
- 西班牙橄欖油蒜味雞 主 64
- 豆芽菜雞肉捲 主 61
- 味噌炒雞肉高麗菜 主 48
- 青花菜佐雞肉天婦羅 主 45
- 茄汁味噌炒雞肉 主 40
- 香辣茄汁雞 主 42
- 泰式溫拌冬粉 主 56
- 迷你高麗菜捲 主 49
- 梅子拌蒸雞肉絲 副 126
- 蛋包雞肉豆芽菜 主 62

- 紫蘇拌炒雞肉豆芽菜 主 61
- 越式燉煮雞肉豆芽菜 主 62
- 酥脆麵包粉雞肉沙拉 主 59
- 義式起司雞肉紅蘿蔔 主 53
- 蒜香美乃滋雞肉青花菜沙拉 主 46
- 辣炒雞肉洋蔥 主 56
- 蕈菇雞肉濃湯 湯 130
- 韓式涼拌雞肉紅蘿蔔 主 53
- 檸檬奶油醬煮雞肉蕈菇 主 65
- 簡易德式酸菜雞肉 主 50
- 簡單泰式海南雞飯 飯 145
- 雞肉馬鈴薯佐檸檬醬油 主 58
- 雞排佐青花菜醬 主 43
- 鹽昆布醃漬番茄雞 主 42

● 雞翅中段
- 咖哩雞翅湯 湯 130
- 香煎雞翅青花菜 主 46
- 香辣洋蔥醬炸雞翅 主 54
- 韓式泡菜雞翅 主 58
- 蠔油炒雞翅蕈菇 主 63
- 鹽煮雞肉蕈菇 主 65

● 雞皮
- 柚子醋醬油拌雞皮洋蔥 副 126

絞肉

● 豬絞肉
- 大蒜醋炒豬絞肉豆芽菜 主 89
- 中式辛辣蕈菇湯 湯 140
- 中式微波豬肉豆芽菜羹 主 89
- 奶油起司醬煮馬鈴薯 主 86
- 咖哩風味豬絞肉青花菜 主 72
- 咖哩馬鈴薯濃湯 湯 138
- 泡菜燉煮豬肉丸子高麗菜 主 75
- 芥末醬炒豬絞肉 主 73
- 洋蔥糖醋豬肉 83
- 紅蘿蔔肉絲湯 湯 131
- 紅蘿蔔燒賣 主 79
- 起司口味法式馬鈴薯鹹可麗餅 主 84
- 馬鈴薯煎餅 主 85
- 梅子風味絞肉蕈菇 主 90
- 麻婆番茄 主 68
- 絞肉納豆拌烏龍麵 麵 152
- 照燒洋蔥夾肉排 主 81
- 辣炒絞肉洋蔥 主 82
- 豬絞肉豆芽菜蛋佐美乃滋蠔油醬 88
- 擔擔麵風豆腐高麗菜 主 76

155

| 濃稠味噌肉醬拌炒青花菜 (主) ……… 71
| 糖醋絞肉蕈菇 (主) ……… 92
| 韓式洋釀青花菜絞肉 (主) ……… 70
| 韓式醬炒絞肉紅蘿蔔 (主) ……… 79
| 檸檬漬豬肉番茄 (主) ……… 69
| 簡單中式肉丸子湯 (湯) ……… 131
| 蠔油醬煮馬鈴薯絞肉 (主) ……… 85

●綜合絞肉
| 一鍋到底肉醬義大利麵 (麵) ……… 152
| 古早味歐姆蛋 (主) ……… 103
| 多蜜醬汁風炒絞肉紅蘿蔔 (主) ……… 80
| 咖哩奶油醬煮絞肉紅蘿蔔 (主) ……… 80
| 紅蘿蔔漢堡排 (主) ……… 78
| 蛋炒絞肉高麗菜 (主) ……… 77
| 漢堡排佐番茄美乃滋 (主) ……… 66
| 辣肉醬風炒絞肉 (主) ……… 69
| 燴飯風燉番茄 (主) ……… 67
| 韓式蕈菇雜菜 (主) ……… 92
| 鮮甜番茄絞肉濃湯 (湯) ……… 131
| 檸檬奶油醬炒高麗菜絞肉 (主) ……… 74
| 簡單塔可飯 (飯) ……… 146
| 醬漬絞肉豆芽菜 (主) ……… 88

●雞絞肉
| 3色肉末丼飯 (飯) ……… 146
| 一鍋到底豆腐梅乾義大利麵 (麵) ……… 153
| 日式一鍋到底雞肉蕈菇義大利麵 (麵) ……… 153
| 辛辣柚子醋炒金針菇肉丸 (主) ……… 91
| 南蠻漬舞菇雞絞肉 (主) ……… 91
| 洋蔥起司雞肉丸 (主) ……… 82
| 浸煮絞肉高麗菜 (主) ……… 77
| 辣炒味噌雞絞肉豆芽菜 (主) ……… 87
| 醬煮咖哩馬鈴薯絞肉 (主) ……… 86
| 和風煮雞絞肉洋蔥 (主) ……… 83
| 鹽炒雞絞肉 (主) ……… 73

雞蛋

●生雞蛋
| 3色肉末丼飯 (飯) ……… 146
| 大量高麗菜御好燒 (主) ……… 23
| 大蒜醋炒豬絞肉豆芽菜 (主) ……… 89
| 中式蛋花湯 (湯) ……… 132
| 中式滑蛋豆芽菜 (主) ……… 106
| 水波蛋味噌湯 (湯) ……… 132
| 半月蛋佐番茄醬汁 (主) ……… 94
| 古早味歐姆蛋 (主) ……… 103
| 奶油炒高麗菜佐煎蛋 (主) ……… 99
| 平底鍋版茶碗蒸 (主) ……… 107
| 回鍋肉炒蛋 (主) ……… 99
| 西式紅蘿蔔烘蛋 (主) ……… 100
| 金針菇蛋炒飯 (飯) ……… 147

| 沖繩風炒紅蘿蔔 (主) ……… 24
| 豆芽菜鮪魚起司蛋 (主) ……… 106
| 辛辣紅蘿蔔配蘿蔔乾絲炒蛋 (主) ……… 100
| 蕈菇厚蛋燒 (主) ……… 108
| 青花菜水波蛋燉菜 (主) ……… 96
| 青花菜炒滑蛋 (副) ……… 112
| 紅蘿蔔天婦羅 (主) ……… 25
| 紅蘿蔔漢堡排 (主) ……… 78
| 海苔風味蛋花湯 (湯) ……… 132
| 釜玉烏龍麵 (麵) ……… 154
| 馬鈴薯煎餅 (主) ……… 85
| 高麗菜鮪魚鹹派 (主) ……… 98
| 梅子口味墨西哥薄餅 (主) ……… 104
| 蛋包飯 (飯) ……… 147
| 蛋包雞肉豆芽菜 (主) ……… 62
| 蛋炒豆芽菜納豆 (主) ……… 106
| 蛋炒絞肉高麗菜 (主) ……… 77
| 蛋黃蒜香義大利麵 (麵) ……… 154
| 番茄馬鈴薯佐水波蛋 (主) ……… 105
| 圓形歐姆蛋佐奧羅拉醬 (主) ……… 97
| 滑蛋泡菜番茄 (主) ……… 95
| 滑蛋洋蔥 (主) ……… 103
| 滑蛋嫩煎豬肉青花菜 (主) ……… 16
| 義式起司雞肉紅蘿蔔 (主) ……… 53
| 蒜香馬鈴薯蛋沙拉 (主) ……… 105
| 豬絞肉豆芽菜蛋佐美乃滋蠔油醬 (主) ……… 88
| 韓式風味蕈菇煎餅 (副) ……… 116
| 鮪魚番茄炒蛋 (主) ……… 93
| 雞排佐青花菜醬 (主) ……… 43
| 蠔油醬炒雞蛋青花菜 (主) ……… 97

●水煮蛋
| 多蜜醬汁風味的紅蘿蔔水煮蛋 (主) ……… 101
| 昆布麵汁醃漬水煮蛋蕈菇 (主) ……… 108
| 焗烤蛋洋蔥 (主) ……… 102
| 酥脆麵包粉雞肉沙拉 (主) ……… 59

番茄
| 大豆蔬菜濃湯 (湯) ……… 133
| 什錦飯風味炒飯 (飯) ……… 144
| 半月蛋佐番茄醬汁 (主) ……… 94
| 茄汁味噌炒豬肉 (主) ……… 40
| 茄汁豬肉馬鈴薯 (主) ……… 31
| 茄汁豬龍田 (主) ……… 13
| 茄汁雞肉素麵 (麵) ……… 150
| 香辣茄汁雞 (主) ……… 42
| 起司醬炒番茄豬肉 (主) ……… 15
| 迷你高麗菜捲 (主) ……… 49
| 高湯燉番茄 (副) ……… 110
| 麻婆番茄 (主) ……… 68

| 番茄佐韓式辣椒醬 (副) ……… 111
| 番茄佐蜂蜜檸檬美乃滋 (副) ……… 111
| 番茄味噌湯 (湯) ……… 133
| 番茄拌起司芥末 (副) ……… 110
| 番茄泡菜炒麵 (麵) ……… 149
| 番茄豬肉湯 (湯) ……… 128
| 微波奶油咖哩雞 (主) ……… 39
| 微波湯咖哩飯 (飯) ……… 144
| 滑蛋泡菜番茄 (主) ……… 95
| 漢堡排佐番茄美乃滋 (主) ……… 66
| 蒜香番茄湯 (湯) ……… 133
| 辣肉醬風炒絞肉 (主) ……… 69
| 辣炒番茄 (副) ……… 111
| 辣醬豬肉番茄 (主) ……… 12
| 酸辣番茄燉豬肉 (主) ……… 14
| 燴牛肚風豬肉片 (主) ……… 15
| 燴飯風燉番茄 (主) ……… 67
| 鮪魚番茄炒蛋 (主) ……… 93
| 鮮甜番茄絞肉濃湯 (湯) ……… 131
| 檸檬漬豬肉番茄 (主) ……… 69
| 簡單塔可飯 (飯) ……… 146
| 醬漬絞肉豆芽菜 (主) ……… 88
| 鹽昆布醃漬番茄雞 (主) ……… 42

青花菜
| 3色肉末丼飯 (飯) ……… 146
| 大豆蔬菜濃湯 (湯) ……… 133
| 日式燉煮青花菜 (副) ……… 113
| 白高湯蒸煮青花菜豬肉捲 (主) ……… 17
| 西班牙橄欖油蒜味雞 (主) ……… 64
| 豆漿芝麻青花菜湯 (湯) ……… 134
| 咖哩風味豬肉青花菜 (主) ……… 72
| 芝麻奶油醬燉煮豬肉青花菜 (主) ……… 19
| 芝麻香海苔青花菜湯 (湯) ……… 134
| 芥末醬佐絞肉青花菜 (主) ……… 19
| 芥末醬炒雞絞肉 (主) ……… 73
| 青花菜水波蛋燉菜 (主) ……… 96
| 青花菜佐雞肉天婦羅 (主) ……… 45
| 青花菜炒滑蛋 (副) ……… 112
| 胡椒起司青花菜 (副) ……… 113
| 香煎雞翅青花菜 (主) ……… 46
| 起司蒸煮雞肉青花菜 (主) ……… 44
| 起司雞肉濃湯 (主) ……… 130
| 圓形歐姆蛋佐奧羅拉醬 (主) ……… 97
| 滑蛋嫩煎豬肉青花菜 (主) ……… 16
| 蒜香美乃滋雞肉青花菜沙拉 (主) ……… 46
| 辣醬雞 (主) ……… 59
| 豬肉青花菜咖哩牛奶濃湯 (湯) ……… 128
| 濃稠味噌肉醬拌炒青花菜 (主) ……… 71
| 韓式洋釀青花菜絞肉 (主) ……… 70
| 簡單青花菜濃湯 (湯) ……… 134

簡單涼拌青花菜 副	112
醬油拌海苔青花菜 副	113
雞排佐青花菜醬 主	43
蠔油醬炒豬肉青花菜 主	18
蠔油醬炒雞蛋青花菜 主	97
鹽炒雞絞肉 主	73

高麗菜

一鍋到底鹽味檸檬雞肉義大利麵 麵	150
御好燒風味炒麵 麵	149
大量高麗菜御好燒 主	23
大蒜元氣丼飯 飯	142
中式生薑風味高麗菜湯 湯	135
奶油炒高麗菜佐煎蛋 主	99
白高湯燉煮豬肉高麗菜 主	23
回鍋肉炒蛋 主	99
辛辣柚子醋炒金針菇肉丸 主	91
味噌炒雞肉高麗菜 主	48
泡菜燉煮豬肉丸子高麗菜 主	75
芝麻醬煮雞肉高麗菜 主	50
浸煮絞肉高麗菜 主	77
迷你高麗菜捲 主	49
高麗菜鮪魚鹹派 主	98
梅子風味高麗菜味噌湯 湯	135
焗烤蛋洋蔥 主	102
甜味噌芝麻拌高麗菜 副	114
蛋炒絞肉高麗菜 主	77
微波湯咖哩飯 飯	144
微辣絞肉海帶芽湯 湯	129
蜂蜜味噌醬煮豬肉高麗菜 主	22
蒜香奶油炒高麗菜 副	114
辣炒高麗菜 副	115
豬肉高麗菜鹽昆布湯 湯	129
豬肉捲回鍋肉 主	21
擔擔麵風豆腐高麗菜 主	76
薑汁高麗菜 副	115
檸檬奶油醬炒高麗菜絞肉 主	74
簡易德式酸菜雞肉 主	50
簡單中式肉丸子湯 湯	131
簡單湯麵 麵	148
簡單塔可飯 飯	146
醬煮咖哩馬鈴薯絞肉 主	86
雞肉高麗菜佐奶油醬油 主	47
蠔油醬煮馬鈴薯絞肉 主	85
鹽味奶油高麗菜 副	135
鹽味炒烏龍 麵	151
鹽漬高麗菜 副	115
鹽漬高麗菜烤肉 主	20

紅蘿蔔

奶油紅蘿蔔濃湯 湯	136
多蜜醬汁風味的紅蘿蔔水煮蛋 主	101
多蜜醬汁風味絞肉紅蘿蔔 主	80
西式紅蘿蔔烘蛋 主	100
沖繩風炒紅蘿蔔 主	24
辛辣紅蘿蔔味噌湯 湯	136
辛辣紅蘿蔔配蘿蔔乾絲炒蛋 主	100
咖哩奶油醬煮絞肉紅蘿蔔 主	80
咖哩美乃滋炒紅蘿蔔 副	117
昆布麵汁燉煮豬肉紅蘿蔔 主	26
芝麻照燒雞腿 主	51
芥末紅蘿蔔 副	117
芥末醬佐煎肉青花菜 主	19
紅蘿蔔天婦羅 主	25
紅蘿蔔肉絲湯 湯	131
紅蘿蔔漢堡排 主	78
紅蘿蔔燒賣 主	79
番茄醬炒豬肉紅蘿蔔 主	25
微波中華丼飯 飯	142
微波糖裹紅蘿蔔 副	117
義式起司雞肉紅蘿蔔 主	53
蜂蜜味噌醬煮豬肉高麗菜 主	22
蜂蜜檸檬醃豬肉 主	26
醃漬紅蘿蔔 副	116
燉煮清爽咖啡豬 主	28
韓式風味蘿蔔煎餅 副	116
韓式涼拌雞肉紅蘿蔔 主	53
韓式蕈菇雜菜 主	92
韓式醬炒絞肉紅蘿蔔 主	79
檸檬奶油醬煮雞肉蕈菇 主	65
檸檬紅蘿蔔 副	136
檸檬風味雞肉沙拉 主	52
簡易德式酸菜雞肉 主	50
簡單泰式海南雞飯 飯	145
簡單乾炒雞肉 主	52
簡單湯麵 麵	148
雞肉杏鮑菇燉飯 飯	145
鹽醋燜炒豬五花豆芽菜 主	35

洋蔥

一鍋到底肉醬義大利麵 麵	152
口感溫和俄式炒豬肉 主	38
大豆蔬菜濃湯 湯	133
什錦飯風味炒飯 飯	144
古早味歐姆蛋 主	103
奶油紅蘿蔔濃湯 湯	136
奶油起司醬煮馬鈴薯 主	86
奶香馬鈴薯味噌湯 湯	138
甘醇醬油煮洋蔥 副	119
辛辣紅蘿蔔味噌湯 湯	136
咖哩奶油醬煮絞肉紅蘿蔔 主	80
咖哩雞翅湯 湯	130
泥窯烤爐風燉雞 主	55
芝麻奶油醬燉煮豬肉青花菜 主	19
芝麻油蒸洋蔥湯 湯	137
芝麻檸檬拌洋蔥 副	118
柚子醋醬油拌雞皮洋蔥 副	126
洋蔥佐蒜香辣椒橄欖油 副	119
洋蔥起司雞肉丸 主	82
洋蔥糖醋豬肉 主	83
香辣洋蔥醬炸雞翅 主	54
柴魚醬漬洋蔥 副	119
泰式溫拌冬粉 主	56
焗烤蛋洋蔥 主	102
甜辣醬炒豬肉舞菇 主	37
蛋包飯 飯	147
喬治亞風燉雞 主	55
番茄醬炒絞肉紅蘿蔔 主	25
絞肉納豆拌烏龍麵 麵	152
微波中華丼飯 飯	142
微波奶油咖哩雞 主	39
微波白高湯洋蔥 副	118
滑蛋洋蔥 主	103
照燒洋蔥夾豬排 主	81
漢堡排佐番茄美乃滋 主	66
蒜泥糖醋白肉 主	28
蒜香洋蔥湯 湯	137
辣炒豬肉洋蔥 主	82
辣炒雞肉洋蔥 主	56
豬肉洋蔥佐柚子醋醬油 主	29
燉煮清爽咖啡豬 主	28
糖醋絞肉蕈菇 主	92
燴牛肚風豬肉片 主	15
燴飯風燉番茄 主	67
檸檬漬豬肉番茄 主	69
簡單咖哩烏龍麵 麵	148
簡單泰式海南雞飯 飯	145
簡單焗烤洋蔥 主	137
簡單塔可飯 飯	146
醬油燜炒豬肉洋蔥 主	29
和風煮雞絞肉洋蔥 主	83
蠔油炒豬肉洋蔥 主	27

馬鈴薯

日式炸薯條 副	120
奶油起司醬煮馬鈴薯 主	86
奶油起司醬煮馬鈴薯 主	86
奶香馬鈴薯味噌湯 湯	138
奶香碎馬鈴薯濃湯 湯	138

157

白高湯蒸煮青花菜豬肉捲 主 ……17
白醬焗烤豬肉馬鈴薯 主 ……32
咖哩馬鈴薯濃湯 湯 ……138
法式馬鈴薯鹹可麗餅 副 ……120
柚子胡椒焗炒豬肉馬鈴薯 主 ……31
美乃滋蒜炒豬肉馬鈴薯 主 ……32
茄汁豬肉馬鈴薯 主 ……31
起司口味法式馬鈴薯鹹可麗餅 主 ……84
馬鈴薯煎餅 主 ……85
梅子口味墨西哥薄餅 主 ……104
喬治亞風燉雞 主 ……55
番茄馬鈴薯佐水波蛋 主 ……105
酥脆麵包粉雞肉沙拉 主 ……59
微波馬鈴薯佐山葵醬油 副 ……121
微波馬鈴薯泥 副 ……121
蒜香馬鈴薯 副 ……121
辣醬雞 主 ……59
韓式泡菜雞翅 主 ……58
鮮甜番茄絞肉濃湯 湯 ……131
簡單起司辣雞 主 ……30
醬煮咖哩馬鈴薯絞肉 主 ……86
雞肉馬鈴薯佐檸檬醬油 主 ……58
雞肉馬鈴薯的BBQ燒烤 主 ……57
蠔油醬煮馬鈴薯絞肉 主 ……85

豆芽菜

大蒜醋炒豬絞肉豆芽菜 主 ……89
中式奶油燉雞肉豆芽菜 主 ……60
中式涼拌豆芽菜 副 ……122
中式蛋花湯 湯 ……132
中式微波豬肉豆芽菜羹 主 ……89
中式滑蛋豆芽菜 主 ……106
豆芽菜泡菜納豆湯 湯 ……139
豆芽菜鮪魚起司蛋 主 ……106
豆芽菜雞肉捲 主 ……61
咖哩醬炒豆芽菜 副 ……123
咖哩南蠻豬肉豆芽菜 主 ……34
柚子胡椒豆芽菜湯 湯 ……139
柚子醋醬豆芽菜豆腐湯 湯 ……139
納豆炒豬肉豆芽菜 主 ……35
涼拌海苔豆芽菜 副 ……122
蛋包雞肉豆芽菜 主 ……62
蛋炒豆芽菜納豆 主 ……106
紫蘇拌炒雞肉豆芽菜 主 ……61
越式燉煮雞肉豆芽菜 主 ……62
蒜香美乃滋拌豆芽菜 副 ……123
辣炒豆芽菜 副 ……123
辣炒味噌雞絞肉豆芽菜 主 ……87
酸辣番茄燉豬肉 主 ……14
豬絞肉豆芽菜蛋佐美乃蠔油醬 主 ……88

韓式豬肉豆芽菜 主 ……34
簡單湯麵 麵 ……148
醬漬絞肉豆芽菜 副 ……88
豬龍田揚佐蠔油醬 主 ……33
鹽醋焗炒豬五花豆芽菜 主 ……35

蕈菇

● 金針菇
3種蕈菇煨湯 湯 ……140
中式辛辣蕈菇湯 湯 ……140
中式醃豬肉蕈菇 主 ……38
奶油檸檬蒜香豬肉金針菇 主 ……36
平底鍋版茶碗蒸 主 ……107
金針菇蛋炒飯 飯 ……147
辛辣柚子醋炒金針菇肉丸 主 ……91
和風起司蒸煮豬肉蕈菇 主 ……37
昆布麵汁醃漬水煮蛋蕈菇 主 ……108
芝麻拌金針菇 副 ……124
柚子胡椒豆芽菜湯 湯 ……139
浸煮絞肉高麗菜 主 ……77
梅子風味絞肉蕈菇 主 ……90
辣炒味噌雞絞肉豆芽菜 主 ……87
辣炒雞肉洋蔥 主 ……56
豬肉蕈菇海苔雜炊 飯 ……143
醃蕈菇 副 ……124
蕈菇厚蛋燒 主 ……108
蕈菇雞肉濃湯 主 ……130
韓式蕈菇雜菜 主 ……92
檸檬奶油醬煮雞肉金針菇 主 ……65
醬煮綜合蕈菇 副 ……125
蠔油炒雞翅蕈菇 主 ……63
鹽煮雞肉蕈菇 主 ……65

● 杏鮑菇
中式生薑風味高麗菜湯 湯 ……135
昆布麵汁醃漬水煮蛋蕈菇 主 ……108
豬肉蕈菇奶油蒜蓉飯 飯 ……143
蕈菇佐鮪魚檸檬美乃滋醬 副 ……125
蕈菇雜燴湯 主 ……140
醬煮綜合蕈菇 副 ……125
雞肉杏鮑菇燉飯 飯 ……145

● 鴻喜菇
3種蕈菇煨湯 湯 ……140
口感溫和俄式炒豬肉 主 ……38
御好燒風味炒麵 麵 ……149
中式辛辣蕈菇湯 湯 ……140
中式醃豬肉蕈菇 主 ……38
日式一鍋到底雞肉蕈菇義大利麵 麵 ……153
平底鍋版茶碗蒸 主 ……107
白高湯燉煮豬肉高麗菜 主 ……23
豆漿芝麻青花菜湯 湯 ……134

味噌炒雞肉高麗菜 主 ……48
和風起司蒸煮豬肉蕈菇 主 ……37
昆布麵汁醃漬水煮蛋蕈菇 主 ……108
昆布麵汁燉煮豬肉紅蘿蔔 主 ……26
番茄豬肉湯 湯 ……128
微波中華丼飯 飯 ……142
滑蛋洋蔥 主 ……103
豬肉蕈菇海苔雜炊 飯 ……143
醃蕈菇 副 ……124
蕈菇佐鮪魚檸檬美乃滋醬 副 ……125
韓式蕈菇雜菜 主 ……92
簡單咖哩烏龍麵 麵 ……148
醬煮綜合蕈菇 副 ……125
蠔油炒雞翅蕈菇 主 ……63

● 舞菇
3種蕈菇煨湯 湯 ……140
西班牙橄欖油蒜味雞 主 ……64
芥末醬炒豬肉 主 ……73
南蠻漬舞菇絞肉 主 ……91
柚子醬油煮舞菇 副 ……125
美乃滋蒜炒豬肉馬鈴薯 主 ……32
甜辣醋炒豬肉舞菇 主 ……37
豬肉蕈菇奶油蒜蓉飯 飯 ……143
醃蕈菇 副 ……124
糖醋絞肉蕈菇 主 ……92
蕈菇佐鮪魚檸檬美乃滋醬 副 ……125
蕈菇厚蛋燒 主 ……108
蕈菇雜燴湯 主 ……140
蕈菇雞肉濃湯 主 ……130
雞汁蕎麥麵 麵 ……151
雞肉捲佐舞菇醬 副 ……64
鹽煮雞肉蕈菇 主 ……65

其他

● 乾貨
・海帶芽（乾燥）
微辣豬肉海帶芽湯 湯 ……129
・蘿蔔乾絲
辛辣蘿蔔配蘿蔔乾絲炒蛋 主 ……100
・鹽昆布
日式一鍋到底雞肉蕈菇義大利麵 麵 ……153
豬肉高麗菜鹽昆布湯 湯 ……129
鹽昆布醃漬番茄雞 主 ……42
・冬粉（短版）
泰式溫拌冬粉 主 ……56
酸辣番茄燉豬肉 主 ……14
韓式蕈菇雜菜 主 ……92
鹽煮雞肉蕈菇 主 ……65
・烤海苔・海苔絲
芝麻香海苔青花菜湯 湯 ……134

158

芥末醬佐豬肉青花菜 主 ……………19
洋蔥起司雞肉丸 主 ……………82
海苔風味蛋花湯 湯 ……………132
涼拌海苔豆芽菜 副 ……………122
豬肉蕈菇海苔雜炊 飯 …………143
醬油拌海苔青花菜 副 …………113

● 大豆製品
・絹豆腐
　柚子醋醬豆芽菜豆腐湯 湯 ……139
・木綿豆腐
　一鍋到底豆腐梅乾義大利麵 麵 …153
　沖繩風炒紅蘿蔔 主 ……………24
　擔擔麵風豆腐高麗菜 主 ………76
　蕈菇雜燴湯 湯 …………………140
　簡單涼拌青花菜 副 ……………112
・納豆
　豆芽菜泡菜納豆湯 湯 …………139
　納豆炒豬肉豆芽菜 主 …………35
　蛋炒豆芽菜納豆 主 ……………106
　絞肉納豆拌烏龍麵 麵 …………152
・水煮大豆
　大豆蔬菜濃湯 湯 ………………133
　辣肉醬風炒絞肉 主 ……………69
・豆漿（無調整）
　豆漿芝麻青花菜湯 湯 …………134
　擔擔麵風豆腐高麗菜 主 ………76

● 乳製品
・牛奶
　中式奶油燉雞肉豆芽菜 主 ……60
　奶油紅蘿蔔濃湯 湯 ……………136
　奶油起司醬煮馬鈴薯 主 ………86
　奶香馬鈴薯味噌湯 湯 …………138
　奶香碎馬鈴薯濃湯 湯 …………138
　白醬焗烤豬肉馬鈴薯 主 ………32
　咖哩奶油醬煮絞肉紅蘿蔔 主 …80
　芝麻奶油醬燉煮豬肉青花菜 主 …19
　青花菜炒滑蛋 副 ………………112
　茄汁豬肉馬鈴薯 主 ……………31
　焗烤蛋洋蔥 主 …………………102
　喬治亞風燉雞 主 ………………55
　微波馬鈴薯泥 副 ………………121
　漢堡排佐番茄美乃滋 主 ………66
　蒜香馬鈴薯蛋沙拉 主 …………105
　豬肉青花菜咖哩牛奶濃湯 湯 …128
　檸檬奶油醬煮雞肉金針菇 主 …65
　簡單青花菜濃湯 湯 ……………134
・披薩用起司・加工起司
　奶油起司醬煮馬鈴薯 主 ………86
　白醬焗烤豬肉馬鈴薯 主 ………32
　豆芽菜鮪魚起司蛋 主 …………106
　和風起司蒸煮豬肉蕈菇 主 ……37
　洋蔥起司雞肉丸 主 ……………82
　起司蒸煮雞肉青花菜 主 ………44
　起司雞肉濃湯 主 ………………130

起司口味法式馬鈴薯鹹可麗餅 主 …84
高麗菜鮪魚鹹派 主 ……………98
焗烤蛋洋蔥 主 …………………102
簡單起司辣炒雞 主 ……………30
簡單焗烤洋蔥 湯 ………………137
簡單塔可飯 飯 …………………146
・起司粉
　西式紅蘿蔔烘蛋 主 ……………100
　胡椒起司青花菜 副 ……………113
　起司醬炒番茄豬肉 主 …………15
　番茄味噌湯 湯 …………………133
　番茄拌起司芥末 副 ……………110
　義式起司雞肉紅蘿蔔 主 ………53
　雞肉杏鮑菇燉飯 飯 ……………145
　雞排佐青花菜醬 主 ……………43
・原味優格
　口感溫和俄式炒豬肉 主 ………38
　泥窯烤爐風燉雞 主 ……………55
　微波奶油咖哩雞 主 ……………39
　雞排佐青花菜醬 主 ……………43

● 罐頭
・鮪魚罐頭
　豆芽菜鮪魚起司蛋 主 …………106
　高麗菜鮪魚鹹派 主 ……………98
　蕈菇佐鮪魚檸檬美乃滋醬 副 …125
　鮪魚番茄炒蛋 主 ………………93
　檸檬漬豬肉番茄 主 ……………69
・綜合豆罐頭
　圓形歐姆蛋佐奧羅拉醬 主 ……97
・切丁番茄罐
　一鍋到底肉醬義大利麵 麵 ……152
　番茄馬鈴薯佐水波蛋 主 ………105

● 醃漬物
・梅乾
　一鍋到底豆腐梅乾義大利麵 麵 …153
　梅子口味墨西哥薄餅 主 ………104
　梅子拌蒸雞肉絲 副 ……………126
　梅子風味高麗菜味噌湯 湯 ……135
　梅子風味絞肉蕈菇 主 …………90
・韓式泡菜
　豆芽菜泡菜納豆湯 湯 …………139
　泡菜燉煮豬肉丸子高麗菜 主 …75
　番茄泡菜炒麵 麵 ………………149
　滑蛋泡菜番茄 主 ………………95
　韓式泡菜燉雞 主 ………………41
　韓式泡菜雞翅 主 ………………58
　簡單起司辣炒雞 主 ……………30

● 飯類
　3色肉末丼飯 飯 ………………146
　大蒜元氣丼飯 飯 ………………142
　什錦飯風味炒飯 飯 ……………144
　金針菇蛋炒飯 飯 ………………147
　蛋包飯 飯 ………………………147
　微波中華丼飯 飯 ………………142

微波湯咖哩飯 飯 ………………144
豬肉蕈菇奶油蒜蓉飯 飯 ………143
豬肉蕈菇海苔雜炊 飯 …………143
簡單泰式海南雞飯 飯 …………145
簡單塔可飯 飯 …………………146
雞肉杏鮑菇燉飯 飯 ……………145

● 麵類
・素麵
　茄汁雞肉素麵 麵 ………………150
・蕎麥麵
　雞汁蕎麥麵 麵 …………………151
・冷凍烏龍麵
　釜玉烏龍麵 麵 …………………154
　絞肉納豆拌烏龍麵 麵 …………152
　簡單咖哩烏龍麵 麵 ……………148
　鹽味炸烏龍 麵 …………………151
・義大利麵
　一鍋到底肉醬義大利麵 麵 ……152
　一鍋到底豆腐梅乾義大利麵 麵 …153
　一鍋到底鹽味檸檬雞肉義大利麵 麵
　　………………………………150
　日式一鍋到底雞肉蕈菇義大利麵 麵
　　………………………………153
　蛋黃蒜香義大利麵 麵 …………154
・中華蒸煮麵
　御好燒風味炒麵 麵 ……………149
　番茄泡菜炒麵 麵 ………………149
・中華麵
　簡單湯麵 麵 ……………………148

PROFILE

武藏裕子 （Musashi Yuko）

料理研究家。身在雙胞胎兒子和父母三代同堂的家庭裡，從平時為一家人料理三餐的過程中，開發出許多深受大眾喜愛的家庭料理。書中收錄的食譜不僅容易烹調又能快速上桌，而且還兼具美味與均衡營養，對平日忙於家事、育兒、看護、工作的人來說，無疑就是天上掉下來的禮物。基本上以日式家常菜為主，講求快速上桌，不讓料理三餐成為每天的一大負擔，而且活用經濟實惠的食材，烹煮讓人「想一做再做，吃過還想再吃」的美食。除了活躍於雜誌、書籍，也著手開發適合用於企業的菜單，在多項領域大展身手。除此之外，目前也在Instagram上介紹一些使用當季食材的簡單家庭料理，追蹤者正持續增加中。
https://www.instagram.com/musashiyuko116/

TITLE

超常備12食材　一日三餐沒煩惱

STAFF

出版	瑞昇文化事業股份有限公司
作者	武藏裕子
譯者	龔亭芬
創辦人/董事長	駱東墻
CEO / 行銷	陳冠偉
總編輯	郭湘齡
文字主編	張聿雯
美術主編	朱哲宏
校對編輯	于忠勤
國際版權	駱念德　張聿雯
排版	二次方數位設計　翁慧玲
製版	印研科技有限公司
印刷	龍岡數位文化股份有限公司
法律顧問	立勤國際法律事務所　黃沛聲律師
戶名	瑞昇文化事業股份有限公司
劃撥帳號	19598343
地址	新北市中和區景平路464巷2弄1-4號
電話	(02)2945-3191
傳真	(02)2945-3190
網址	www.rising-books.com.tw
Mail	deepblue@rising-books.com.tw
本版日期	2025年10月
定價	NT$380／HK$119

ORIGINAL JAPANESE EDITION STAFF

撮影	千葉　充
スタイリング	宮沢ゆか
アートディレクション・デザイン	横地綾子（フレーズ）
イラスト	むらまつしおり
調理アシスタント	五十嵐朝子
構成・文	越智素子

國家圖書館出版品預行編目資料

超常備12食材一日三餐沒煩惱/武藏裕子作；龔亭芬譯. -- 初版. -- [新北市]：瑞昇文化事業股份有限公司, 2025.09
　面；　公分
ISBN 978-986-401-838-3(平裝)

1.CST: 食譜 2.CST: 烹飪

427.1　　　　　　　　　　114010249

國內著作權保障，請勿翻印／如有破損或裝訂錯誤請寄回更換
CHO TEIBAN 12 SHOKUZAI DE OISHISA MUGEN 250 RECIPE
Copyright © 2023 Yuko Musashi
Chinese translation rights in complex characters arranged with SHINSEI Publishing Co., Ltd.
through Japan UNI Agency, Inc., Tokyo